# LOS RENGLONES TORCIDOS DE LA CIENCIA

# LOS RENGLONES TORCIDOS DE LA CIENCIA

## De la antimateria a la medicina moderna

Eugenio Manuel Fernández Aguilar

Antoni Bosch editor, S.A.U.
Manacor, 3, 08023, Barcelona
Tel. (+34) 93 206 07 30
info@antonibosch.com
www.antonibosch.com



El 5 % de los beneficios obtenidos por las ventas de este libro irá destinado a la Fundación Josep Carreras contra la leucemia.

ISBN: 978-84-949979-2-1
Depósito legal: B. 2265-2020

Diseño de la cubierta: Mot
Maquetación: JesMart
Corrección de pruebas: Ester Vallbona
Impresión: Prodigitalk

Impreso en España
*Printed in Spain*

*Para María José,*
*porque junto a ti todo es más fácil*

# Índice

# Prólogo

En los últimos años he impartido más de trescientas conferencias de divulgación científica y habré escuchado otras tantas. Todas ellas me han aportado muchísimo. Sin embargo, cuando en febrero de 2015 escuché a Eugenio Manuel Fernández impartir la conferencia «Abejas, científicos y Charlie Hebdo»* en mi querida ciudad de Murcia, sentí una sensación que jamás había experimentado antes. Por fin alguien había dado con la fórmula para expresar, en poco más de una hora, el modo en el que yo entiendo no solo la investigación, sino también la comunicación científica y, por qué no decirlo, incluso la vida. Me explico.

Como científico no entiendo la Ciencia (en mayúsculas) como una suma de las distintas disciplinas científicas, ni a estas situadas en compartimentos separados sin relación alguna entre ellas. Pertenezco a un grupo de investigación multidisciplinar donde hay bioquímicos, biólogos, tecnólogos de alimentos, enfermeros, químicos, biotecnólogos, etc. Esa multidisciplinariedad es pieza fundamental a la hora de abordar cualquier investigación científica. Pero la multidisciplinariedad no sirve de nada si no se acom-

* *Abejas, científicos y Charlie Hebdo* es el título de una conferencia que fue impartida por Eugenio Manuel Fernández Aguilar, en Murcia, atendiendo a la invitación de Manuel López y Daniel Torregrosa. La charla tuvo lugar el 28 de febrero de 2015, dentro del Ciclo de Conferencias «Murcia divulga en los bares», organizado por la Asociación de Divulgación Científica de la Región de Murcia, en el bar Fitzpatrick's.

paña de la palabra clave: la *interdisciplinariedad*. Para solucionar los problemas científicos que se nos presentan en el día a día, todos los científicos que formamos el grupo de investigación trabajamos en colaboración, aportando cada uno nuestras ideas e intentando complementar las de los demás. Precisamente en el año 2015, la revista científica *Nature*, una de las más prestigiosas del mundo, diseñó una maravillosa portada en la que unos «superhéroes de la Ciencia» trabajaban en equipo. En el pie de esa portada se podía leer que la «interdisciplinariedad» era la clave para que los científicos salvaran el mundo. Pues bien, en aquella conferencia celebrada en Murcia, Eugenio Manuel ahondó en la importancia de la multidisciplinariedad y la interdisciplinariedad como conceptos clave en el devenir de la ciencia y, por tanto, de la sociedad.

Pero hubo más. El autor de este libro dio aquel día una lección magistral de la relevancia de la ciencia básica, aquella en la que trabajo desde hace veinticinco años en la Universidad de Murcia, como pieza clave para que posteriormente se desarrollen aplicaciones concretas que mejoran nuestra vida diaria. Sin la ciencia básica, tan injustamente criticada por algunos sectores, sería imposible disfrutar de nuestra actual calidad de vida. Eugenio Manuel maravilló a los presentes en aquella conferencia con un alegato a favor de la ciencia básica que muchos aún recordamos.

Una tercera clave que considero esencial para comprender la investigación científica es el factor humano. Los científicos no son máquinas sino personas y, como tales, tienen sus defectos y virtudes. Las relaciones humanas o los conflictos personales entre investigadores influyen muchísimo en el resultado de su trabajo, y también de eso habló Eugenio en la mítica conferencia «Abejas, científicos y Charlie Hebdo».

Sin embargo, la importancia de la multidisciplinariedad e interdisciplinariedad, de la ciencia básica o del factor humano en la investigación no hubiese quedado tan magníficamente reflejada si la persona que pronunció aquella charla no hubiera tenido grandes dotes de comunicador. Y Eugenio Manuel Fernández, las tiene... ¡Vaya si las tiene! Pocos divulgadores científicos tienen esa magia a la hora de comunicar como este sevillano afincado en Rota. Creo que toda la comunidad divulgadora coincide en reconocer su extraordinaria capacidad comunicativa.

Aun así, debo reconocer que aquella mítica tarde de febrero de 2015 me equivoqué. Pensaba que jamás volvería a sentir lo mismo que en aquella conferencia. Sin embargo, cuando leí *Los renglones torcidos de la ciencia* no solo tuve la misma sensación, sino que esta incluso fue más intensa. Este libro es una auténtica joya de la divulgación de la ciencia, tanto en su fondo como en su forma. Muy bien documentado, ameno, interesante y escrito con el estilo inconfundible de Eugenio Manuel. ¿Qué más se puede pedir?

**José Manuel López Nicolás**
Catedrático de Bioquímica y Biología Molecular de la UMU

# Introducción

La lectura debe ser un acto de libertad y recreo, aunque a veces nos vemos abocados a consumir líneas indeseadas por necesidades laborales o académicas. Recuerdo mis lecturas de infancia y me afloran sensaciones encontradas. La colección *Barco de vapor* fue todo un descubrimiento; aquello de que te dejasen elegir el título en la biblioteca de la clase te hacía sentir mayor. Creo que el primer título que leí fue *Fray Perico y su borrico* y, a partir de este, fui buscando historias mejores. Pasar de la serie naranja a la serie roja era lo más, se trataba de la antesala al instituto. Casi a la vez llegó la colección *Elige tu aventura*, de *Timus Mas*. Aquello era demasiado bueno para un niño de los ochenta; no leías una historia, «hacías» la historia. Algunos compañeros leían el libro varias veces para ver cómo se desarrollaba siguiendo un orden u otro. El libro que el lector tiene ahora mismo en sus manos ha sido estructurado con el recuerdo de aquella colección, si bien he de decir que solo hay dos caminos.

Una de las editoriales con las que más he disfrutado ya de adulto ha sido Cátedra. Cuando estudiaba la carrera de física me interesé bastante por la filología hispánica y, en especial, por la literatura hispanoamericana. En la facultad de filología me recomendaron algunos libros de Cátedra que los estudiantes solían usar. Aquellas ediciones fascinaban por una razón que puede parecer extravagante: en ocasiones, las introducciones eran más largas que el propio libro y las notas a pie de página ocupaban más espacio que el propio texto. Para un filólogo experimentado aquello podía ser un martirio, pero se podía convertir en una ayuda necesaria para un estudiante de física cuántica. Al menos si quería enterarse de qué iba el asunto. Pongamos el ejemplo del cubano José Lezama Lima; cayó en mis manos una edición de Cátedra de su poesía completa. No sé si ahora sería capaz de soportar su densidad, sus poemas son verdaderamente herméticos y navega por toda clase de referentes mitológicos que te pueden hacer naufragar si no le dedicas los cinco sentidos. A veces, la poesía no gusta porque no se entiende, pero con aquella edición me enteré de cosas que por mí mismo no habría conseguido averiguar. Las notas a pie de página me dieron la felicidad no solo por las explicaciones que hacían disfrutar de la lectura, sino también porque conectaban con otros autores interesantes que desconocía. Durante una época estuve saltando de un autor a otro, simplemente leyendo notas a pie de página. Sé que suena extraño.

Al lego en temas científicos le puede pasar lo mismo si lee un libro en el que aparecen palabras como *triodo, positrón* o *hexoquinasa.* En esos casos, el lector puede sentirse desorientado y confuso. Usando términos pesqueros, el lector puede sentirse atrapado en su desconocimiento. Decía Lezama Lima en su ensayo *La dignidad de la poesía* que Shakespeare disfrutó «como un tiburón que rompe todas las redes». La tarea de la divulgación científica debe ser esa misma: hacer que el receptor se sienta como un tiburón que rompe las redes que no lo dejan moverse y permitirle así nadar libremente por los insondables recovecos del conocimiento. Pero volvamos a la estructura del libro: los primeros diez capítulos (los renglones torcidos) permitirán al lector entender mejor la segunda parte (los renglones enderezados).

La sección *Los renglones torcidos* se compone de diez capítulos con relatos variados. Historias de electrones milagrosos, domadores de palabras, hamburguesas radiactivas, células golosas, moléculas extraordinarias, elementos asesinos, etc. Y, por supuesto, hay hueco para la música, el arte y la literatura. Todos estos relatos tienen un nexo, a veces mínimo, con la segunda parte del libro:

tal vez se trate de la figura un científico, de un descubrimiento, de un invento o de un concepto cualquiera.

Respecto a la sección llamada *Los renglones enderezados*, sí, parece una excusa para escribir los diez capítulos anteriores. Trata del desarrollo de un objeto tecnológico, la tomografía de emisión de positrones (PET, por sus siglas en inglés). Un instrumento que tiene multitud de aplicaciones, entre ellas la medicina nuclear. Se explica cuáles son sus fundamentos y se delega en las treinta notas a pie de página la explicación de algunos de los descubrimientos científicos que podrían haber influido en su construcción. Ha oído bien, este libro de divulgación tiene notas a pie de página, sin embargo ya las habrá leído, puesto que son llamadas a los diez primeros capítulos.

De manera que este libro puede leerse como aquellos de la infancia que nos invitaban a elegir nuestra aventura; es decir, empezando por la primera sección o bien por la segunda. Queda a elección del lector.

# Parte I
## Los renglones torcidos

En esta sección del libro se exponen consecutivamente lo que hemos venido a llamar «renglones torcidos», que servirán de notas a pie de página para la segunda parte. No hay un orden aparente, así que pueden leerse salteados y el lector no sufrirá ningún trauma que le produzca convulsiones disociativas. A pesar de ello, entre las historias hay algunas relaciones que el lector podrá encontrar por su cuenta, es decir, algunos detalles mencionados en un capítulo volverán de alguna forma en capítulos posteriores. Cuidado porque empezamos con Arquímedes, y el mundo griego, en ocasiones, se torna árido. Pero hay recompensa final. Lo cierto es que los capítulos parecen estar ordenados cronológica y conceptualmente: de la abstracción matemática a los comienzos de la física; del descubrimiento de los elementos a las uniones entre átomos; de los cimientos de la vida al devenir de algunas enfermedades; hasta llegar al surgimiento de la electrónica y la computación.

Cada capítulo se introduce con un tema ajeno a la ciencia, separado del contenido por una marca, y se cierra tras la misma marca y con el mismo tema. Se da, por tanto, una circularidad que hace necesaria la lectura de cada capítulo de una sola sentada, no es buena idea dejarlo a medias. Son capítulos cortos, así que el lector no tendrá problemas en hacerlo así. Cada capítulo lleva una entradilla que bien puede servir de síntesis previa o de guía. Cuando una historia no nos guste, lo mejor es pasar a la siguiente sin miedo. Aquí se viene a disfrutar.

# 1
# Dar cera, pulir cera

*Este capítulo habla del surgimiento de las matemáticas en la historia del ser humano. En especial se indaga en la figura de Arquímedes, puesto que sus obras han dejado huella en toda la ciencia posterior, desde la geometría hasta la computación. Un rápido análisis que nos llevará hasta la era nuclear, sin la cual hoy, por ejemplo, la medicina no sería lo mismo.*

---

Las cuatro paredes de la Estancia del Sello (*signatura* en italiano) de los Museos Vaticanos representan cada uno de los ámbitos del pensamiento de la Antigüedad, a saber: teología, justicia, arte y filosofía. Un fresco de grandes dimensiones por pared. En una de ellas puede verse la famosa representación de *La Escuela de Atenas*, del renacentista italiano Rafael Sanzio (1483-1520). Realmente impresionan sus cinco metros de alto por casi ocho metros de largo. En esta colosal obra aparecen multitud de filósofos que hasta la época habían tenido una influencia destacable. En la imagen central, Platón sostiene el *Timeo* y está acompañado de su alumno Aristóteles, que porta la *Ética a Nicómaco*. Ambos bajan pausadamente por una escalinata mientras unas veinte personas desempeñan acciones diversas alrededor de ellos. El pintor plasmó con mucha claridad a algunos de los filósofos, aunque la identidad de otros parece confusa. Así, entre ellos, aparecen Zenón de Elea, Epicuro, Pitágoras, Parménides, Sócrates y Ptolomeo. Siempre me ha parecido que hay cierto paralelismo entre esta obra de 1510 y la fotografía del primer congreso de Solvay de 1911. Walther Nernst fue el iniciador de lo que serían once congresos temáticos. El de 1911 tuvo como tema principal «La radiación y los cuantos». Mientras que en *La Escuela de Atenas* se aprecian veintiún personajes y algunos extras, en la foto del primer congreso de Solvay hay veinticuatro. El número es perfecto para una reunión de sabios y sabias, aunque bien es verdad que la reunión de la *Escuela* es una fantasía atemporal de Sanzio, pues no todos los que aparecen en la escena fueron coetáneos. Entre los científicos y científicas importantes en Solvay encontramos: Arnold Sommerfeld, Jean Perrin, Wilhelm Wien, Ernest Rutherford, Marie Curie, Henri Poincaré y Albert Einstein. Las fotografías del resto de los congresos muestran en sus nóminas algunos personajes repetidos, además de incorporaciones muy valiosas, como J. J. Thomson, Max Planck, Paul Dirac, Erwin Schrödinger, Arthur Compton, Niels Bohr, James Chadwick, Robert Oppenheimer, Georges Urbain, etc. Si hemos citado solo algunos de los científicos, es porque todos ellos aparecerán en alguno de los capítulos siguientes.

**Figura 1.** *La Escuela de Atenas.* Fresco de Rafael de Sanzio, 1510-1511.

**Figura 2.** Congreso de Solvay, 1911. Autor: Benjamin Couprie.

Las similitudes del cuadro de Rafael de Sanzio con la fotografía del primer congreso de Solvay se refuerzan con la idea del deseo de transmisión del conocimiento entre seres humanos, a pesar de que los contenidos intelectuales difieren. En el fresco del siglo xvi figuran filósofos y uno puede pensar que no son científicos; es más, la palabra *científico* en el sentido actual no aparece hasta el siglo xix. Los objetivos de las investigaciones de cada grupo de sabios eran completamente distintos. Mientras que los primeros pueden parecernos centrados en ideas abstractas y generales a las que se llega mediante la especulación, los segundos están más interesados por ideas pragmáticas, concretas, a las que se llega mediante la experimentación. Sin embargo, hay un personaje que conecta directamente el cuadro con la fotografía: Arquímedes. A decir verdad, los expertos no se ponen de acuerdo, algunos dicen que podría ser Euclides. Sea uno u otro, nos referimos al que realiza dibujos con un compás, con la espalda inclinada, en la parte baja a la derecha del fresco. Arquímedes puede considerarse el primer físico-matemático de la historia del que se tiene conocimiento. La física, desde el siglo XVII hasta nuestros días, se entiende de una manera muy distinta de como se entendía en la época de Arquímedes. En sus tiempos había un divorcio entre matemáticas y física, un desencuentro que Arquímedes supo resolver al usar las matemáticas para el estudio del mundo físico y llegar así a conclusiones teóricas. De la naturaleza a la observación, de la observación a las matemáticas, de las matemáticas a los principios físicos y de los principios físicos de nuevo a la naturaleza. El filósofo de la ciencia Alexandre Koyré dijo: «Son la maduración y la asimilación de la obra de Arquímedes las que sirven de base a la revolución científica que se realizará en el siglo XVII». No exageraba.

* * *

La idea de que las matemáticas sirven para describir la pureza del mundo surge en la Grecia clásica, donde el mundo matemático estaba sumido en un característico idealismo platónico. Por contra, mucho antes, en la antigua Babilonia, las matemáticas tenían un sentido eminentemente práctico. Se usaban para calcular volúmenes con el fin de guardar grano, para el cálculo de áreas de terrenos que permitiera hacer reparticiones justas de las herencias, etc. Las tablillas babilónicas muestran todo tipo de operaciones prácticas y solo en algunas ocasiones aparecen firmadas. Pero estas firmas no son de los autores, son los nombres de los escribanos que copiaron la tablilla. No se buscaba el protagonismo de la autoría, sino la transmisión del conocimiento. El teorema de Pitágoras ya se conocía en torno al año 1800 a. C., esta misma idea aparece en una tablilla que se ha venido a llamar *Plimpton 322*. Fue el norteamericano Edgar James Banks (1866-1945) quien la descubrió. Edgar era todo un personaje: diplomático, anticuario y novelista. Entre sus múltiples actividades estaba la de ejercer de cónsul en Bagdad en 1898. Allí se hizo con cientos de tablillas cuneiformes babilónicas. Banks vendió un buen conjunto de tablillas al periodista George Arthur Plimpton (1855-1936), de ahí el nombre de *Plimpton 322* (el etiquetado de su catálogo). Se cuenta que Edgar James Banks sirvió como inspiración para el personaje aventurero Indiana Jones, por eso me gusta llamar «Teorema de Indiana Jones» al teorema de Pitágoras». Total, Pitágoras no fue el primero en advertir la relación.

El contraste entre las matemáticas griegas y las babilónicas puede llevarnos a pensar que hay una ruptura, un salto, que las matemáticas aparecieron en el Mediterráneo de forma espontánea. Es tentador, pero poco probable. Que no conozcamos cómo se pasó de la utilización práctica a unas matemáticas en las que desempeñaban un papel importante el placer y la recreación, no significa que no exista un nexo. La hipótesis del surgimiento virgen de las matemáticas en Grecia se antoja poco realista. Se sabe que muchos de los matemáticos del mundo clásico realizaron viajes a Oriente, como por ejemplo, Arquímedes. Marcó un paso importante al dar un uso práctico a las matemáticas de las que había bebido, (de los elementos de Euclides, por ejemplo). La idea de perfección estaba implícita en la circunferencia, un concepto asimilado por Arquímedes, que trabajó con figuras circulares toda su vida, tanto en dos como en tres dimensiones. Halló una relación constante entre la longitud de la circunferencia y su diámetro. Nos referimos al número $\pi$, aunque dicha denominación sería propuesta más de mil quinientos años después por el matemático galés William Jones (1675-1749). Antes ya se habían efectuado cálculos, no fue el primero, pero sus métodos fueron absolutamente pioneros y encontró una aproximación que todavía utilizamos habitualmente: 3,14. A pesar de que Arquímedes no conocía el concepto de «número irracional», por su método de cálculo sabemos que era muy consciente de que estaba tratando con una aproximación. Pensemos en una circunferencia que se ha encerrado entre dos cuadrados, uno inscrito y otro circunscrito. La longitud de dicha circunferencia tendrá un valor que será menor que la longitud exterior, pero mayor que el cuadrado interior. Con esto podemos realizar una estimación del número $\pi$; encerrando su valor entre dos números, se dice que se ha acotado la longitud o el área de la circunferencia. Si ahora, en lugar de cuadrados usamos pentágonos esta acotación será mejor, nos acercaremos más al valor de $\pi$. La circunferencia, en realidad, puede considerarse como un polígono de infinitos lados, así que la acotación será tanto mejor a medida que incrementemos el número de lados del polígono que usemos. Pues bien, Arquímedes realizó la acotación hasta con un polígono de 96 lados, para llegar a la conclusión de que «la longitud del círculo es el triple del diámetro y lo excede en menos de 1/7, pero en más de 10/71». Es decir, «3,14». Sabía que podía atinar más, pero pensó que con 96 lados ya estaba bien. Se entiende.

El método usado por Arquímedes en el ejemplo anterior se ha denominado *método de exhaución* y lo aplicó en muchos otros casos, aunque no es una característica original de sus textos. Otro método utilizado por Arquímedes y que sí fue de su plena invención es el que él mismo llamó *método de los teoremas mecánicos.* En sus libros de física-matemática daba por demostrados algunos resultados (el principio de Arquímedes, por ejemplo) y, durante muchos años, algunos historiadores pensaron que Arquímedes se estaba marcando un farol. Hablaba de que tal o cual teorema lo había demostrado a través de «el *método*», pero ni rastro de su existencia. Sin embargo, el helenista Johan Ludvig Heiberg (1854-1928) encontró en 1906 el trabajo perdido, en el llamado *Palimpsesto de Costantinopla.* Heiberg descubrió que unos monjes ortodoxos , en el siglo XII habían escrito cantos litúrgicos sobre copias realizadas en el siglo V de trabajos de Arquímedes. No lo borraron, sino que lavaron la piel y el consagrado amanuense escribió sobre el borrón. Esto permitió a Heiberg interpretar, armado de paciencia, lo que se ocultaba detrás de las santas canciones. Y allí estaba, *El método sobre los teoremas mecánicos* (entre otras obras), con una carta a Eratóstenes (sí, quien pasó a la historia por medir el radio de la Tierra con un palo). Hay que tener en cuenta que, en la época de Arquímedes, no existía el álgebra, lo cual significa que en todos sus libros se usaban exclusivamente razonamientos geométricos. En este sentido, la complejidad de lectura de *El Método* es enorme para un lector actual, aunque también lo era para alguien de la época. Baste decir que Arquímedes basó sus demostraciones en la palanca. Imaginaba una palanca en sus pruebas geométricas e iba colocando «pesos» (figuras geométricas) para equilibrarla. Mediante este estudio del equilibrio conseguía llegar a grandes resultados. Hay que tener en cuenta que el genio de Siracusa fue el primero en escribir un libro estudiando matemáticamente las leyes de la palanca, por lo que estamos ante un experto en el tema.

Arquímedes es conocido popularmente por multitud de aportaciones, a pesar de que las personas que las manejan no son conscientes de ello: el principio de Arquímedes, el cálculo del volumen de varios sólidos, la espiral de Arquímedes, los sólidos arquimedianos, sus estudios de la parábola, etc. Sin embargo, hay otros estudios del siracusano que no son tan populares. Me parece interesante tratar brevemente tres de sus libros menos conocidos: los *Bueyes*, el *Stomachion* y *El contador de arena.*

En un fragmento de *La Odisea* podemos encontrar la inspiración para uno de los problemas propuestos por Arquímedes:

> Luego, cuando hubimos escapado de la terrible Caribdes y de Escila, pronto llegamos a una vista espléndida. Allí estaban las vacas de amplia testuz y los gruesos y muchos rebaños de Helios Hiperion.

El problema consistía en calcular el número de reses de ganado de ocho tipos distintos. Para ello se daban nueve condiciones que conducen a nueve ecuaciones (usando nuestro vocabulario). El texto fue descubierto a finales del siglo XVIII por un poeta alemán y el mundo de las matemáticas quiso hallar una solución, pero teniendo en cuenta solo las siete primeras ecuaciones. En este caso, el número total sería algo más de cincuenta millones de reses (el ágape del dios Sol sería un festín de aúpa). Pero, si tenemos en cuenta las dos últimas condiciones de la propuesta de Arquímedes, la resolución del problema se complica tanto que hasta 1880 no se dispuso de la primera solución, y además era aproximada. Vino de la mano de A. Amthor, quien obtuvo tan solo la más pequeña de las soluciones: $7{,}76 \cdot 10^{206544}$. Un número de 206.544 cifras; si alguien quisiera escribir el número a un dígito por segundo –sin levantarse para ir al baño–, tardaría 2 días y 9 horas y usaría unos cincuenta folios. Recuerde que estamos hablando de la solución más pequeña. Lo que parece aún más sorprendente es que el problema de los bueyes lo plantea Arquímedes como un acertijo y parece que él mismo lo podría haber resuelto. El texto es como un juego: «si llegaras a decir exactamente cuántas eran las reses del Sol, no serías llamado ignorante», y al que lo resuelva por completo lo anima a que se vanaglorie de «ser portador de la victoria». El «puto amo» –con perdón–, que diríamos hoy. O la «puta ama», basta ya de estereotipos.

Los juegos matemáticos ya existían en la época clásica, pero no se les ha prestado la suficiente atención en gran parte de la historia de la ciencia. Un texto muy recomendable para trabajar en los colegios es el *Stomachion*. Animo a quien no lo conozca a buscarlo por Internet; es algo parecido a un *tangram*. La obra no fue descubierta hasta principios del siglo XX. En ella solo se describen las catorce piezas de las que está compuesta, pero no queda claro cuál es el objetivo. Estas catorce piezas –triángulos y rectángulos de distintas áreas– encajan entre sí perfectamente para formar un cuadrado. Moviéndolas se puede reconstruir el cuadrado o realizar configuraciones que dan lugar a figuras curiosas, como un elefante. Algunos expertos han visto en esta construcción geométrica algo más que un juego, han detectado un estudio combinatorio temprano. En el año 2003 se pudo calcular que es posible cambiar las piezas dentro del cuadrado de 17.152 formas distintas.

Arquímedes fue uno de los primeros divulgadores científicos de la historia. Parece que su mente abarcaba números muy grandes, algo poco habitual en su época. Jugar con las piezas de un puzle y contar vacas no era algo muy práctico, pero pensemos que estamos en un tiempo en el que las matemáticas ya se usaban por puro entretenimiento. Adelantándose a su época, Arquímedes sabía que, aunque en su tiempo esos números enormes no se usaran, podrían hacer falta alguna vez. Y con esta convicción escribió *El contador de arena*, una obra de divulgación científica en toda regla. El también conocido como *Arenario* se abre con una dedicatoria a Gelón de Siracusa, hijo del tirano –y pariente suyo– Hierón II. Aunque se trate de un texto de divulgación encerraba cierta dificultad, así que en la dedicatoria le comenta a Gelón: «Pero yo intentaré hacerte ver, mediante demostraciones geométricas que podrás comprender [...]». Frases como estas pueden herir la sensibilidad de algunas personas, no sabemos si en la dedicatoria había buena intención o un poco de mala idea. El planteamiento del tratado es el siguiente: se especula sobre la cantidad de granos de arena que caben en Siracusa, ¿son infinitos? Arquímedes resuelve que el número no es infinito, así que extiende la pregunta a toda Sicilia, luego a la Tierra y, obviamente, al mundo entero. Pero además hace la cuenta, realiza un cálculo estimativo de cuántos granos de arena caben en el Universo. El objetivo principal de Arquímedes es mostrarle a Gelón que el número de granos que cubrirían el Universo no es infinito. Sin embargo, hay algo más interesante en la obra: confeccionó todo un sistema de gestión de números grandes muy similar a la notación científica actual. Arquímedes propuso el «sistema de las octadas». En su época se usaban los términos: *unidad, decena, centena, millar* y *miríada*. Ir más allá de diez mil no servía de nada, ¿para qué iba a servir un número tan grande? Pero Arquímedes quería seguir, así que contó unidades de miríadas, millares de miríadas y miríadas de miríadas ($10^8$, cien millones, de ahí el término *octadas*). Pero no contento con ello, siguió con números primos, números segundos, etc.; continuó con primer periodo, segundo periodo, etc. Una locura para la época que lo llevó a enunciar el mayor número en su tratado: un uno seguido de ochenta mil millones de ceros. Al final, según la mente de Arquímedes, el número de granos de arena que cabían en el mundo –en su concepción del mundo– resultó ser de 1.000 miríadas de números octavos, lo cual es un 1 con 63 ceros detrás. Ahí es nada.

El uso de números grandes y números muy pequeños en la actualidad es habitual y, de hecho, necesario. Y no solo nos referimos a que el dígito sea grande, sino a que el tratamiento de un gran número de entidades se ha hecho de vital importancia en nuestros días. El método de Monte Carlo toma una cantidad enorme de números aleatorios para poder abordar problemas de distintas índole. Se trata de un método que arrancó en el entorno del Proyecto Manhattan, el proyecto científico norteamericano llevado a cabo para desarrollar armas nucleares en la Segunda

Guerra Mundial. El promotor del método fue Stanislaw Ulam (1909-1984), a quien se le ocurrió jugando al solitario con las cartas. Pensó que podría ser muy útil evaluar el problema en su conjunto, teniendo en cuenta a la par las miles de posibilidades que se podían dar en su juego, sin tener que calcular todas las posibilidades y evaluarlas por separado. Es, por tanto, un método estadístico con resultados sorprendentes. Podemos hacernos una idea de un uso sencillo del método de Monte Carlo. Si tiramos una moneda diez veces, sabemos que no saldrán cinco caras y cinco cruces, a pesar de que la probabilidad de ambos sucesos es del 50 %. Si tiramos la moneda cien veces, tampoco habrá cincuenta caras y cincuenta cruces, pero es muy posible que las frecuencias de los resultados se acerquen más al 50 %. Si pensamos en un número infinito de tiradas, la frecuencia de cada suceso debería ser del 50 %. Nadie puede tirar una moneda infinitas veces, pero sí podemos generar números aleatorios con un ordenador y hacer que un programa lance la moneda aleatoriamente, un millón de veces, por ejemplo. Así se comprueba la equiprobabilidad de obtener cara y cruz. Ulam cayó en la cuenta de que la idea podría exportarse al estudio científico que se estaba llevando a cabo en Los Álamos respecto a la fisión del núcleo. Ulam le expuso la idea a John von Neumann (1903-1957) y la aplicó con éxito al comportamiento de los neutrones. Su colega Nicholas Metropolis (1915-1999) dio nombre al método de Monte Carlo (por el casino y el azar) y juntos hicieron una simulación exitosa en ENIAC (Electronic Numerical Integrator And Computer), el gran computador numérico de la época. En realidad, esta prueba se demoró un tiempo, pues por aquel entonces la máquina estaba siendo trasladada y, además, era muy demandada. Enrico Fermi (1901-1954) fabricó un invento curioso al que llamó FERMIAC (en alusión a su propio nombre), también conocido como *carrito Monte Carlo*: una especie de juguete con tres ruedas al que se le podía poner un bolígrafo y predecir la trayectoria de los neutrones. Se trataba de un computador analógico, sin un solo circuito electrónico. El pequeño artefacto fue construido en 1947, pero dos años más tarde dejó de usarse, pues el ENIAC ya estuvo listo. Por cierto, fueron seis mujeres matemáticas las que programaron el ENIAC y a las que podemos rendir homenaje con nombre y apellido: Betty Snyder Holberton, Betty Jean Jennings Bartik, Ruth Lichterman Teitelbaum, Kathleen McNulty Mauchly Antonelli, Frances Bilas Spence y Marlyn Wescoff Meltzer.

El proyecto Manhattan lo lideró el físico Robert Oppenheimer (1904-1967). La verdad es que al escuchar los nombres de los físicos que trabajaron en este proyecto no puedes evitar llevarte las manos a la cabeza y desterrarlos de la nómina personal de héroes de la ciencia. Pero la realidad es que el método de Monte Carlo tiene aplicaciones ilimitadas, la mayoría beneficiosas para el ser humano. Por ejemplo, se usa de manera muy habitual en física médica y en análisis de riesgos financieros. No hay mal que por bien no venga, como dice el refranero popular. Cuando pienso en Oppenheimer me gusta recordar mi visita al Exploratorium de San Francisco, uno de los principales museos interactivos de ciencia del mundo, que fue inaugurado por él. Este señor, que estuvo detrás del desarrollo de las bombas que devastaron Hiroshima y Nagasaki, aparece en una de esas fotografías de los congresos de Solvay que se citaron al principio del capítulo.

* * *

*Karate Kid* fue una de las películas que marcaron mi infancia y adolescencia. Me parece una historia con valores importantes, sobre todo el hecho de que el señor Miyagi enseñe mediante la cultura del esfuerzo y la superación. Tal vez la escena más famosa sea la de «Dar cera, pulir cera» (una traducción un tanto absurda, dado que la expresión original es *wax on, wax off*). El maestro encomienda una tarea a su joven aprendiz, Daniel Larusso, que consiste en limpiar varios coches. De entrada, Larusso no rechista, da cera y pule cera de todos los coches de su vivienda. Pero luego sigue con los suelos de la casa del señor Miyagi y pintando todas la vallas que la cercan. Larusso se impacienta –como todo joven que se precie– y se enfada con el maestro, le había arreglado la casa y no servía para nada. O al menos eso era lo que él pensaba hasta que el señor Miyagi le mostró que, con todo ese trabajo, había interiorizado de tal forma los movimientos que había hecho con las manos que ahora podía usarlos para defenderse ante ataques diversos. La escena es tan buena que la pongo cada año a los padres en las tutorías. Observo cómo, de un tiempo a esta parte, se ha despreciado injustamente el esfuerzo en la actividad académica. La moda del «no hacer deberes» ha llegado a límites verdaderamente ridículos. Es cierto que los chavales deben tener tiempo libre; de hecho, Larusso tuvo tiempo para salir con su novia. Lo defiendo. Pero también es verdad que, en la adquisición de conocimiento, son igualmente necesarios la memoria y la asimilación de mecanismos y de procesos rutinarios. Así, si un niño aprende a dividir, es porque antes ha aprendido a sumar, restar y multiplicar. De forma automática, aunque es obvio que debe ser capaz de razonar lo que hace. Pero vayamos más lejos, hasta los científicos del proyecto Manhattan. Antes de poder siquiera pensar en que los neutrones se movían como locos en una reacción nuclear, el ser humano tuvo que descubrir el neutrón y, antes de esto, tuvo que demostrar la existencia del átomo. Los científicos de las fotografías de los congresos de Solvay deben sus resultados a los hombres y mujeres del pasado, a aquellos que vienen representados por el grupo del fresco de Rafael de Sanzio. Y todos los filósofos de *La Escuela de Atenas* deben sus conocimientos a matemáticos y matemáticas anteriores. Los aprendices babilónicos incluso sabían de memoria tablas de multiplicar hasta el sesenta, además de cuadrados, cubos, diferencias de dos cuadrados, etc. Las matemáticas babilónicas y las matemáticas griegas son el «dar cera, pulir cera» de la historia de la ciencia. En el siglo XXI apenas hemos comenzado a ensayar la postura de la grulla y ya queremos dejar de pintar vallas.

En el contexto de la Segunda Guerra Púnica, las tropas de Marcelo pudieron tomar Siracusa, no sin antes recibir instrucciones de que debían capturar con vida a Arquímedes. Un soldado vio a un anciano que, subido sobre un arenario, reflexionaba sobre las figuras geométricas que allí había. Cuando el soldado borró lo que a él le parecieron garabatos sin sentido, y un abstraído Arquímedes gritó: «¡No toque mis círculos!». Cuenta la historia que murió atravesado por la espada del soldado, en el año 212 a. C. Arquímedes refleja la propia imagen de la búsqueda de conocimiento. El esfuerzo necesario para el aprendizaje pasa por la reflexión y el trabajo personal; el tiempo que se pasa con uno mismo es una forma de mejorar y crecer que ninguna otra experiencia nos puede aportar. En mi tarea docente diaria me gusta enseñar que los éxitos son más agradables si provienen del esfuerzo personal, si no llegan a nuestras manos de forma gratuita. De vez en cuando, los padres de alguno de mis alumnos me dicen que sus hijos no deben hacer ninguna actividad de matemáticas, por mínima que sea. Estamos hablando de la educación secundaria, en el último curso, donde termina la enseñanza obligatoria. El problema se agrava cuando se refieren a alguien que pretende seguir estudiando un bachillerato de ciencias con el objetivo de emprender una carrera científica. En mi mente se dibuja la imagen de Arquímedes, corriendo desnudo por las calles de Siracusa, pero no les hablo de él, les recuerdo una vez más el «dar cera pulir cera» de Larusso, tan solo por controlarme y no acabar diciendo: «¡No me toques los círculos!».

# 2
# El hombre que confiaba en los átomos

*No siempre en el ámbito de la ciencia se ha creído que los átomos eran entidades reales, que la materia tiene un límite si la vamos fragmentando poco a poco. Sorprendentemente, en los inicios del siglo* XX *todavía se discutía sobre ello, unos defendían la existencia real del átomo, mientras que otros lo trataban como un simple subterfugio matemático. En esta discusión tomaron parte Boltzmann, Einstein, Mach y el mismísimo Lenin, entre otros. Al igual que ocurría con las matemáticas, prácticamente ningún avance tecnológico actual sería posible sin el conocimiento profundo que tenemos del átomo, su interior y su comportamiento. Y, obviamente, esto incluye los aparatos tecnológicos que usamos en los hospitales.*

---

Corría el verano de 1906 en una pequeña ciudad costera del Adriático llamada Duino. Allí se refugiaba del trabajo un profesor universitario austríaco, con parte de su familia. El profesor tenía a sus espaldas casi doscientas publicaciones y múltiples viajes a varios países para divulgar sus ideas científicas. Duino hoy es una ciudad bilingüe, pero a principios del siglo XX era casi por completo de habla eslovena. Es conocida por inspirar las *Elegías de Duino* de Rainer María Rilke, un pequeño libro en lengua alemana publicado en Leipzig en 1923. Aquel rincón de la provincia de Trieste era un lugar ideal para la reflexión, dominado desde las alturas por dos majestuosos castillos con vertiginosos acantilados tomados por la vegetación. Es fácil imaginar que aquel profesor universitario estaba recargando pilas para comenzar el curso en un lugar tan idílico como aquel. Sin embargo, el docente convivía con el fantasma de la depresión, y el 5 de septiembre de 1906 decidió entregar su vida atando su cuello a una cuerda colgada del techo. Era un profesor famoso, pero el mundo universitario aún disfrutaba de los últimos días del descanso estival, así que la escasa repercusión en los medios de comunicación no empañó el honor de un hombre que cambiaría la visión del mundo que tenían sus contemporáneos.

Cuando en nuestro entorno ocurren este tipo de desgracias siempre nos preguntamos por las causas. Aquellos que indagan por simple morbo acaban viendo que un cúmulo de circunstancias llevan a las personas a tomar tales decisiones que nos parecen desafortunadas. Solo en su mente estaba la justificación y su mente ya no existe. No busquemos explicaciones y respetemos a los que prefieren irse. El mundo macroscópico está dominado por una enorme cantidad de variables que escapan a nuestro control, muchas de ellas microscópicas. Tanto es así que se hace difícil conocer de antemano el devenir de algunos sucesos muy simples. Por ejemplo, ¿hacia dónde caerá una gota de agua que se ha depositado en el dorso de la mano? Es muy posible que, al repetir el experimento una y otra vez, el recorrido sea distinto. Que no sepamos hacia dónde se dirigirá la gota no significa que su trayectoria no tenga explicación; de hecho, el propio azar no es ningún misterio. Con el comportamiento de las personas ocurre algo muy parecido: podemos hacer planes, todos los que queramos, pero a veces llegamos a puertos insospechados si la coyuntura se presta a ello. Un caso que resulta curioso es el de Lenin (1870-1924), el político ruso: escribió una obra en la que aparece la palabra *átomo* en más de setenta ocasiones. Y estamos hablando del concepto físico; en este libro pueden leerse nombres como el de Hertz, Maxwell y Kelvin. Dicho así suena surrealista, pero –al igual que con la gota de agua– hay explicación más allá de una aparente divagación sin sentido del revolucionario comunista.

Tras el fracaso de la revolución de 1905, en algunos círculos socialistas alemanes y rusos se comenzó a poner de moda el «empiriocriticismo». Parece que a Lenin no le gustó nada esta tendencia *empiriocriticista* que pretendía pasar en estos entornos por marxista, así que, ni corto ni perezoso, escribió lo que podríamos llamar aquí *Manual antiempiriocriticista para marxistas puros.* Bromas aparte, el libro se publicó en 1908 bajo el título *Materialismo y empiriocriticismo.* No es cuestión de analizar este ensayo desde el punto de vista filosófico, pues la materia que nos interesa es la divulgación científica. Vayamos a lo que realmente nos ocupa: Lenin hacía una dura crítica a las ideas del físico austríaco Ernst Mach (1838-1916), una epistemología de la ciencia singular que partía de las reflexiones del filósofo positivista Richard Avenarius (1843-1896). De paso, el *energetismo* del químico y filósofo alemán Wilhelm Ostwald (1853-1932) también se llevaba algún que otro rapapolvo. El *empiriocriticismo* solo da valor a lo eminentemente práctico, a la experiencia pura, dejando de lado cualquier tipo de elucubración. Mach llegó a tal punto que acabó negando la existencia real de los átomos, pues, demasiado pequeños para ser vistos con los ojos, quedaban fuera de la experiencia cotidiana, como los propios atomistas sabían. Los consideraba pura fantasía. Esta visión radical de la ciencia nos lleva a una situación de conocimiento tentativo de la naturaleza en la que la deducción no tiene ningún valor. Como diría Lenin, «el error capital de Mach es el solipsismo», es decir, el *machismo* conllevaría a una única certeza, a la de la propia mente (el vocablo *machismo* en referencia a Mach se usa en filosofía de la ciencia, y resulta un término entre curioso y desafortunado).

Ernst Mach ha pasado a la historia popular por el «número de Mach», utilizado habitualmente para expresar velocidades de aviones. Una definición de andar por casa para el número de Mach es «el número de veces que la velocidad de un avión (o cualquier móvil) contiene a la velocidad del sonido». Así, un avión con mach 1 viajará exactamente con la velocidad del sonido, un avión con mach 2 viajará al doble de la velocidad del sonido (supersónico) y un avión con mach 0,5 volará con la mitad de la velocidad del sonido (subsónico). Como suele ocurrir en la historia de la ciencia, este número no fue descrito por Mach, sino que sería el ingeniero aeronáutico suizo Jakob Ackeret (1898-1981) quien propusiera la denominación en una conferencia trece años después de la muerte del físico austríaco, en 1929:

> El conocido físico Ernst Mach advirtió la importancia de esta relación con claridad y demostró dicha importancia con ingeniosos experimentos; por esta razón parece muy justificado llamar a v/a *número Mach.*

En la cita, *v/a* sería la velocidad del cuerpo entre la velocidad del sonido. Ackeret no fue el único científico que supo ver el talento de Mach, Einstein lo mantuvo durante años entre los faros que guiaron el barco de su teoría de la relatividad. El famoso físico alemán Albert Einstein (1879-1955) había leído a Mach cuando era estudiante; quedó impresionado con las obras *El desarrollo de la mecánica* (1883) y *El análisis de las sensaciones* (1886), incluso llegó a poner de moda el término *principio de Mach,* pues sirvió de pie para su principio de la relatividad. Lo irónico de todo esto es que Einstein se alejaría del positivismo extremo de Mach al popularizar los experimentos mentales y al ser la propia teoría general de la relatividad demasiado abstracta incluso para la mente de Mach. Einstein achacó la disidencia de Mach a cosas de personas mayores, pues su teoría fue publicada cuando el austríaco tenía más de setenta años (al año siguiente moriría). No fue solo al final de sus días, durante mucho tiempo, Mach navegó en la controversia debido a su positivismo exacerbado. La negación del atomismo llevó por la calle de la amargura a su compatriota Ludwig Eduard Boltzmann (1844-1906), quien incluso se mudó de Viena a Leipzig en 1900 para no compartir Universidad con el supersónico Mach.

Boltzmann había estudiado matemáticas y física en la Universidad de Viena, así como en el instituto de física que inauguró el físico austríaco Christian Andreas Doppler (1803-1853); comenzó a dar clases de matemáticas en Graz (1869), volvió a Viena como profesor de física (1873), de nuevo a Graz como catedrático (1876) y otra vez a Viena como profesor de física teórica (1894), donde sucedió a Joseph Stefan (1835-1893) tras la muerte de este. Aunque se fue en 1900 huyendo de la compañía de Mach, volvería definitivamente a Viena en 1902. En 1879, Stefan publicó la conocida hoy como *ley de Stefan-Boltzmann* (muy usada para medir la temperatura de las estrellas, pues establece una relación entre la energía radiada y la temperatura). Stefan se basó en las medidas del polifacético físico irlandés John Tyndall (1820-1893), quien, a pesar de ser conocido por el efecto Tyndall, es al que debemos agradecer que hoy en día los quirófanos sean menos peligrosos, gracias a los sistemas de ventilación que se introdujeron tras sus estudios de microbiología. Volviendo a Boltzmann, en 1884 publicó un artículo en el que daba soporte teórico a la ley de Stefan-Boltzmann, cuando trabajaba por segunda vez en Graz. De ahí el nombre de la ley y de la constante que aparece en ella, la constante de Stefan-Boltzmann. Hay que tener en cuenta además que fue Stefan quien intercedió para su primer puesto de profesor en Graz. Aunque se trataba de un lugar estupendo (allí, por ejemplo, comenzó su carrera Kepler en 1594), es fácil entender que ocupar el puesto de su maestro en Viena fue un gran honor, así que podemos suponer que no debió de ser fácil para él abandonar la ciudad por sus desavenencias con Mach.

Como decíamos al principio, el ser humano es impredecible, como la trayectoria de una gota de agua que se deposita sobre el dorso de una mano. El propio Boltzmann reconocía su personalidad inestable. Nació un martes de carnaval y al día siguiente era miércoles de ceniza. Él mismo decía que aquello era una metáfora de su propio carácter, pues pasaba de sentir gran felicidad a sumirse en profundas depresiones. Tuvo momentos desgraciados, en realidad como cualquier persona de su época, pero no supo sobrellevarlos. Perdió a su padre con 15 años, algo que lo marcó de por vida. Inauguró la crisis de los cuarenta con la muerte de su madre y, en 1889, fallecía su hijo mayor a causa de una apendicitis. Fue en esta época cuando sus problemas de vista se fueron agravando hasta tal punto que impartía sus clases sin ningún tipo de notas. Sin embargo, vivió una etapa relativamente tranquila que se vio truncada al aceptar el puesto de Stefan en Viena, a pesar de lo que Stefan había significado para él. Poco después de volver a la ciudad, tuvo el honor de pronunciar un discurso en memoria de Johann Joseph Loschmidt (1821-1895), el que fue, junto con Stefan, uno de los profesores que marcaron su trayectoria científica. Con motivo del descubrimiento de un monumento dedicado a él, a Boltzmann le fue encomendada la tarea de leer unas palabras, honor que no supo rechazar. En la lectura resaltaba «el cálculo del tamaño de las moléculas de aire», que no es más que una medida empírica del número de Avogadro, razón por la cual este número a veces es conocido en Alemania como *número de Loschmidt.* Stefan, Loschmidt y muchos científicos de su época comunicaron a Boltzmann la pasión por la teoría cinética de los gases, y por ella lucharía hasta el final de sus días. En esta teoría se consideran los gases compuestos por infinidad de partículas en continuo movimiento aleatorio, que cambian sus trayectorias constantemente debido a los continuos choques entre ellas. A partir de esta idea se puede dar explicación a multitud de magnitudes y fenómenos físicos. Un movimiento aleatorio, azaroso, como el de la gota de agua en el dorso de una mano, pero que, por contra, visto desde el mundo macroscópico en su conjunto, nos da magnitudes medibles y predecibles.

Boltzmann fue el hombre que convirtió en muy improbable lo que se pensaba imposible. Y lo hizo introduciendo por primera vez en la física el concepto de «probabilidad», que luego sería ampliamente utilizado en la mecánica cuántica. En sus textos aparece la primera ecuación de evolución temporal de una probabilidad. Advirtió –basándose en la teoría cinética de los gases– que un sistema gaseoso está formado por una ingente cantidad de partículas y que estas pueden ocupar una infinidad de estados. Por «estados» hay que entender las distintas configuraciones que las partículas pueden tomar teniendo en cuenta sus velocidades y sus posiciones. Imagine el lector las quince bolas de un billar. ¿De cuántas maneras pueden distribuirse sus posiciones y velocidades? Podríamos pensar que son infinitas, pero, aunque no fuese así (realmente no lo es a una temperatura dada), es el número tan grande que desborda nuestra capacidad. Piense ahora en un litro de oxígeno encerrado en una botella, ahí tenemos aproximadamente $3 \cdot 10^{22}$ moléculas, es decir, un 3 y 22 ceros detrás. Evidentemente, el número de configuraciones posibles para treinta mil cuatrillones de moléculas es desorbitado. Boltzmann relacionó este numero enorme de configuraciones con la entropía, la magnitud que mide el grado de desorden de un sistema y que ya habían introducido por otra vía los científicos que profundizaron en el estudio de la termodinámica. Boltzmann conectó el mundo microscópico con el macroscópico y estableció una prueba de la irreversibilidad de los procesos macroscópicos. Nunca observamos sucesos extraños, no porque sean imposibles, sino por altamente improbables (dado el gran número de estados posibles). Hoy sabemos, por ejemplo, que la temperatura de un gas es la manifestación externa del movimiento de las partículas que lo componen, realizando el cálculo de la velocidad media que llevan estas partículas. En realidad, los estados de las partículas se tratan desde el punto de vista del azar, no todas llevarán la misma velocidad, habrá perturbaciones de todo tipo, algunas irán más rápidas y otras más lentas, pero el tratamiento de todas en su conjunto y de acuerdo con la ley de los grandes números nos arroja un valor promedio que es el que podemos medir con un simple termómetro. Respecto a la expresión de la entropía, se trata de la mítica ecuación que está grabada en su tumba, aunque fue Planck el que le daría la forma actual: $S = k \cdot lnW$.

Boltzmann fue el hombre que confiaba en los átomos. Para poder dar sustento al cuerpo teórico de sus razonamientos, los átomos debían existir como una realidad física, no como un subterfugio matemático. Aunque parezca inconcebible, a principios del siglo XX, la existencia de los átomos no estaba tan clara como en la actualidad. En líneas generales había una división entre físicos y químicos. Por un lado, los físicos aceptaban la realidad del átomo; por otro lado, los químicos aceptaban el uso del concepto de «átomo» para sus elementos. Pero una nutrida recámara de entre los segundos no aceptaba que los átomos físicos fuesen una realidad. Ya hemos tratado parte del asunto más arriba: Mach y Ostwald atacaron con dureza la existencia del átomo. Debemos ponernos en la situación de Boltzmann: la base de todas sus ideas científicas era, en cambio, su existencia. En cualquier caso, existiesen o no los átomos, los resultados de Boltzmann tenían éxito. Sin embargo, en su momento, sus descubrimientos no obtuvieron el eco que él habría esperado. Como él mismo dejó escrito:

> Sería en mi opinión una pena para la ciencia si la teoría de los gases pasase temporalmente al olvido por el ambiente contrario presente, como ocurrió en su día con la teoría ondulatoria por la autoridad de Newton.

Y es que el grupo de antiatomistas era duro. Como dijo Planck: «Era simplemente imposible ser escuchado frente a autoridades tales como Ostwald, Helm y Mach». Y así era como lo sentía Boltzmann. Planck lo propuso para el premio Nobel en 1905 y 1906. No sabemos si hubiese hecho lo mismo al año siguiente, pues Boltzmann murió en 1906.

Schrödinger, Einstein y Planck lo consideraron el iniciador de la física teórica moderna. El propio Lorentz se refirió a él como «la perla de la física teórica». Incluso es el iniciador –junto con Maxwell– de la mecánica estadística. La física teórica del siglo XX que hemos heredado en el siglo XXI tiene una deuda eterna con él. Gracias a sus ideas hoy disfrutamos de las aplicaciones de la mecánica cuántica y de la teoría de la relatividad general. Tuvieron que pasar varios años tras su muerte para que la propia comunidad científica diese valor a sus resultados; se ha llegado incluso a decir que el apoyo «incondicional» de Lenin no le hizo demasiado bien en el ambiente de la ciencia occidental. Pero el mundo científico se reconcilió con Boltzmann al ir confirmándose poco a poco que los átomos existían, que no eran un simple subterfugio matemático en la cabeza de los físicos teóricos y en los apuntes de los químicos. Muchas son las pruebas que tenemos hoy de la existencia real del átomo; sin embargo, vamos a ver dos, más un curioso extra: una prueba experimental, una prueba teórica y una prueba del tipo «el tiempo pone a todo el mundo en su sitio». Las dos primeras merecieron el premio Nobel. La prueba experimental definitiva vendría en 1905, de la mano de Albert Einstein, con un artículo sobre el «movimiento browniano». Einstein puso punto final a la discusión, si bien se tardó unos años en que fuera digerido en los ambientes académicos. Respecto a la prueba teórica, en 1908, Jean Baptiste Perrin (1870-1942) realizó unos cálculos teóricos, a partir del estudio de las suspensiones coloidales, que lo llevó a escribir con precisión la constante de Avogadro y la constante de Boltzmann, significando esto en sí mismo otra prueba de la existencia del átomo. El artículo de Einstein y el descubrimiento de Perrin serán tratados en otra nota a pie de página. Valga como remate que Einstein, que tanto había alabado a Mach, acababa con una de sus obsesiones: la negación del átomo. Y como colofón final, con redoble de tambores, viene la ironía que riza el rizo: en 2008 se consiguió «fotografiar» por primera vez un electrón en movimiento mediante una técnica *estroboscópica*, parecida a la que el propio Mach usó para fotografiar por primera vez la trayectoria seguida por una bala.

* * *

«Corría el verano de 1906 en una pequeña ciudad costera del Adriático llamada Duino», así comenzaba el capítulo. Allí se refugiaba del trabajo un profesor universitario austríaco, con parte de su familia. Sí, este profesor era el castigado L. E. Boltzmann. Igual que los estados de los gases que estudió, las configuraciones de causas que lo llevaron a quitarse la vida fueron muy variadas: sus discusiones continuas con científicos de la época, la pérdida de visión, la enorme cantidad de problemas de salud (asma, dolorosos pólipos nasales con hemorragias, insomnio, etc.) y, ya al final de su vida, un cansancio crónico que se diagnosticó como neurastenia y que lo apartó de una actividad docente que le daba la felicidad. A pesar de todo este amasijo de causas, algunos biógrafos han querido ver en la soga que lo separó del mundo la falta de aceptación de la realidad del átomo por parte de muchos de sus colegas. Una idea romántica que cierra el capítulo de una vida entregada a la física teórica. Casi veinte años después de su muerte, Rilke escribía las *Elegías a Duino*. Nos gustaría pensar que estos versos en la última de sus elegías iban destinados a Boltzmann, el hombre que confiaba en los átomos:

> Pero el muerto debe avanzar, y en silencio la anciana Lamentación
> lo lleva hasta el barranco donde resplandece la luna:
>
> la Fuente de la Alegría.
> Con veneración ella la nombra, dice:
> «Entre los hombres es una corriente que arrastra».

## 3
# La brevedad, gran mérito

*En este capítulo se habla de las pruebas que definitivamente demostraron la existencia real y tangible del átomo. Lo más interesante es que las evidencias provienen del siglo* XVII, *de manos de la botánica. De nuevo, las matemáticas desempeñaron un papel decisivo, incluso en parte se debe a la economía el mérito de la prueba final. Aquí aparece de nuevo Perrin, un científico desconocido que tuvo mucho que ver en todo este asunto; además de otros más aplaudidos, como Boltzmann, Dalton, Einstein, etc., algunos de los cuales se estudian hoy en día en secundaria.*

---

La escena discurre en una buhardilla del barrio de Montmartre. Marcello, un pintor, está trabajando con cierta incomodidad, pues tiene los dedos entumecidos realmente por el frío parisino. En la estancia está su amigo, el poeta Rodolfo, quien se queja de lo inútil que puede llegar a ser una estufa sin combustible. Marcello propone quemar algunos enseres del hogar, incluso *El mar Rojo*, un cuadro en el que está trabajando mientras dura la escena. Entonces Rodolfo toma la iniciativa: «No. La tela pintada apesta. Mi drama, mi ardiente drama, nos calentará». Su idea es clara y propia de la bohemia francesa: «Que en cenizas se deshaga la carta, y que la inspiración vuelva otra vez al cielo». Se viene arriba, toma su último escrito y lo va arrojando página a página como pasto para las llamas. Pero el fuego de unos simples papeles es fugaz y liviano, como indica el filósofo Colline cuando entra en escena. Rodolfo, en un arranque de simbolismo exacerbado, remata la combustión de su primer acto: «La brevedad, gran mérito». Y la estufa se va tragando poco a poco cada uno de los actos hasta que todo se ha consumido, «lo bello se desvanece en una alegre llamarada».

Esta historia es el primer cuadro de *La Bohème*, la inmortal ópera de Puccini. Efectivamente, el calor desprendido por la combustión de unos folios es bajo en intensidad y duración. La novela *Fahrenheit 451,* de Ray Bradbury, hace referencia a esos 233 °C a los cuales arde el papel (es la temperatura a la que alude el título, que en grados Fahrenheit son 451). A lo largo de la historia de la humanidad han ardido importantes bibliotecas que sí han dado mucho más calor, no solo por la ingente cantidad de folios consumidos, sino también por el mobiliario y otros productos de todo tipo que elevan la temperatura de manera considerable. Así, el ser humano ha asistido a la dramática desaparición de irrecuperables palabras bajo esos 233 °C en Jerusalén, Córdoba, Alejandría, El Cairo, etc. Sin embargo, la naturaleza es capaz de alcanzar temperaturas muy superiores a la de la combustión del papel; por ejemplo, la temperatura producida en las inmediaciones de un rayo puede llegar a alcanzar 30.000 °C. Siguiendo la línea de los calentones naturales, vamos a relatar una historia insólita en la que se ven involucradas una predicción extravagante y una realidad que supera la ficción.

* * *

Paul Kazuo Kuroda (1917-2001) es uno de los muchos científicos nacidos en Japón que se acabaron nacionalizando norteamericanos tras trasladarse inicialmente a Estados Unidos con una beca de investigación. Kuroda se especializó en energía nuclear, campo en el que realizó una suposición fascinante. El uranio presenta tres isótopos naturales: U-234, U-235 y U-238. El usado en los reactores nucleares es el U-235, pero se encuentra en muy baja proporción (0,7024 %), casi todo el resto es U-238 y queda muy poca cantidad de U-234. Esta es la razón por la cual se debe «enriquecer» el uranio, es decir, necesitamos tener una masa de uranio en la que la proporción de U-235 sea del 3 %. Como decimos, esto no ocurre en la actualidad de manera natural. Pero Kuroda, realizando unos cálculos basados en la vida media de los isótopos de uranio, advirtió que estas condiciones podrían haber tenido lugar en la Tierra muchos años atrás. Así lo publicó, en 1956, en un artículo de un par de páginas. Pero no le hicieron mucho caso, entre otras cosas porque reacciones nucleares descontroladas habrían producido importantes explosiones y no parece que haya rastro de ellas. Sin embargo, en las centrales nucleares no hay explosiones gracias al uso de los moderadores, los cuales se usan para gestionar paulatinamente la reacción en cadena al frenar los neutrones emitidos en la fisión nuclear. Kuroda estaba convencido de que estas dos condiciones podrían haberse dado de manera natural, es decir, que podía haber una fisión nuclear controlada. Casi veinte años después (1972), un físico francés daba la razón a Kuroda: se descubrían indicios claros de que en Oklo (Gabón) se habían producido reacciones nucleares de manera natural en quince ocasiones, hace aproximadamente unos 1.700 millones de años. Tras el descubrimiento del francés resultan cómicas las pancartas de «Nucleares no», al menos bajo la consigna de que no es natural.

El caso de las minas de Oklo es uno de los múltiples ejemplos del valor descriptivo y, muy a menudo, predictivo de los modelos científicos. Al fin y al cabo, un modelo no es en sí la propia naturaleza, sino una representación a escala mental humana de cómo podría ser dicha naturaleza. Si el modelo explica los fenómenos observados, no hay razón para pensar que no puede predecir sucesos futuros. Si bien, en ocasiones, los modelos se convierten en teorías sólidamente establecidas, otras veces pueden dar lugar a equívocos o errores conceptuales. Y si no que se lo digan a los alumnos del químico inglés Henry Enfield Roscoe (1833-1915), un ferviente seguidor del modelo atómico de Dalton. Al parecer, en la década de 1880, sus alumnos respondían a la pregunta de qué eran los átomos de la siguiente manera: «Los átomos son trozos redondos de madera inventados por el señor Dalton». Es tarea de los docentes y de los libros de texto dejar claro que un modelo no es la propia naturaleza. Un modelo teórico que resultó ser de gran utilidad es el modelo del movimiento browniano expuesto por Einstein y al que vamos a dedicar una líneas. Antes de entrar en materia, contextualicemos el asunto.

El escocés Robert Brown (1773-1857) fue un médico y botánico muy conocido entre los biólogos que llegó a descubrir más de mil especies. Entre sus investigaciones, en 1827 había observado un movimiento continuo y azaroso en los granos de polen depositados sobre gotas de agua. Detalló estas observaciones en un artículo publicado al año siguiente; si bien describía el fenómeno, no supo dar explicación de aquella agitación continua. Algo relativamente similar había observado el británico Jan Ingenhousz (1730-1799) en 1785, aunque en este caso lo que se encontraba en movimiento eran partículas de carbón sobre alcohol. Por cierto, también era médico y botánico, es curioso que los estudios de unas disciplinas refuercen los modelos teóricos de otras, como veremos a continuación. En concreto, las observaciones de estos dos botánicos fueron cruciales para la constatación de la existencia del átomo.

El primer modelo matemático del movimiento browniano vendría de la mano del matemático francés Louis Jean-Baptiste Alphonse Bachelier (1870-1946). En 1900 presentó su tesis en La Sorbona (París), titulada *Teoría de la especulación*, que fue dirigida por el famoso matemático francés Jules Henri Poincaré (1854-1912). Bachelier utilizó el movimiento browniano para profundizar en el estudio de las matemáticas financieras, siendo así el primero en introducir los fenómenos estocásticos en dicho campo. Si bien no explicó la causa del movimiento (no era el tema que lo ocupaba), sí describió matemáticamente las consecuencias que pueden tener las fluctuaciones de diversas variables en el mercado bursátil. En condiciones normales, dos observadores pasivos tendrán las mismas opciones en el mercado de valores. Se ha hablado mucho sobre la posibilidad de «batir el mercado» y hay gente que lo ha hecho, pero hay algo de trampa, pues cuando alguien lo consigue suele ser porque tiene información privilegiada que lo hace actuar de determinado modo en un conjunto de acciones. Podría darse incluso aquella situación en la que los inversores fuercen la situación para que los valores sigan unas tendencias determinadas. Pero es verdad que se han dado casos de personas que han batido el mercado sin datos extra en la mano. En realidad, es una forma engañosa de batir el mercado, pues son rachas, al igual que uno puede sacar tres veces el seis al parchís e irse a casa. Nos da una falsa sensación de que se puede controlar la enorme cantidad de variables que se mueven en el mundo del mercado bursátil. Resumiendo, ante una cantidad enorme de variables que se comportan de manera aparentemente aleatoria no se puede conocer los derroteros que va a tomar la Bolsa, igual que no podemos conocer la posición de un borracho que ha sido dejado solo durante un tiempo determinado una noche cualquiera. Esta idea final se conoce como *hipótesis del camino aleatorio* (*random walk*) y aplicada a la economía es originaria del bróker francés Jules Regnault (1834-1894), aunque el término en sí fue acuñado por el matemático francés Karl Pearson (1857-1936) en 1905. Todo lo que hace el ser humano es una copia burda de la naturaleza, las partículas de polen llevaban millones de años moviéndose de forma aleatoria en gotas de agua cuando la Bolsa apareció en escena. Si bien puede discutirse si somos capaces de controlar las causas de los movimientos en Bolsa (lo que puede enriquecerte), las causas del movimiento browniano fueron descritas por Einstein y son certeras. Esas partículas de polen se movían de manera misteriosa, pero no por ningún motivo oculto, ni por arte de magia ni a causa del mercado de valores. La razón es mucho más simple: las moléculas de agua en continuo movimiento chocaban aleatoriamente y de manera constante con las partículas de polen, haciendo que estas últimas se moviesen de forma errática e impredecible. Einstein realizó un sencillo y por eso mismo bello análisis teórico sobre el movimiento de las moléculas, que daba soporte conceptual al movimiento browniano, en un artículo en lengua germánica. El texto fue publicado en 1905, como el del camino aleatorio de Pearson. Comenzaba dando por hecho las observaciones de Robert Brown y pasaba directamente a analizar «el movimiento desordenado de partículas en suspensión» en el caso de la ósmosis, una de las curiosas propiedades coligativas de las disoluciones. La ósmosis es el movimiento espontáneo de disolvente a través de una membrana semipermeable, desde una disolución muy concentrada hacia una poco concentrada. La explicación es que las partículas del disolvente pueden atravesar los microporos de la membrana, igualando así la presión en ambos lados. Este fenómeno explica, por ejemplo, por qué un clavel cortado recupera su turgencia al colocarlo en agua: esta sube por capilaridad y va entrado en todas las células a través de sus membranas semipermeables. Si le regalan una flor y se mantiene hermosa durante unos días, siento decirle que no es por amor, es por ósmosis. Einstein se basa en la teoría cinético-molecular, es decir, toma como base la existencia real del átomo. A partir de aquí realiza un estudio del movimiento de partículas en suspensión sobre un fluido, llega incluso a encontrar una expresión matemática para su desplazamiento medio en un momento concreto, propone un método para medir el radio del átomo y suelta el testigo para que los físicos experimentales se pongan manos a la obra. Y así lo hizo un físico francés con cara de mujer barbuda del que se habla en otra de nuestras especiales «notas a pie de página»: Jean Baptiste Perrin.

Perrin es uno de los grandes olvidados de los libros introductorios a la historia de la ciencia y, por supuesto, de los planes de estudio de secundaria, bachillerato y universidad. No hay rastro de él en los currículos. Sin embargo, solo con indagar un poco en la historia del átomo, aparece como una de las figuras clave y decisivas. Tal vez su anonimato para el gran público se deba a que perteneció al círculo de íntimos del matrimonio Curie y quedó a la sombra de otros grandes. Le arrebató un puesto a Pierre Curie (1859-1906), gracias a la intervención de Henri Poincaré, el tutor del mencionado Bachelier. Sin embargo, esto no impidió que Perrin y Curie forjasen una gran amistad, hasta el punto de que Perrin sería uno de los profesores que cultivaron la ciencia de su hija Irène Joliot-Curie (1897-1956), hija del primero. En la mañana del 19 de abril de 1906, Pierre Curie fue atropellado por un coche de caballos, perdiendo la vida en el mismo lugar. Marie Curie (1867-1934) acudió entonces a casa de los Perrin para pedirle a Henrietta Perrin que se quedase con las niñas. Perrin parecía ocupar un segundo plano; sin embargo, en el entorno científico era una persona respetada y querida. A pesar de ello, en la famosa fotografía del congreso de Solvay de 1911 ocupa un lugar estratégico, pues todos parecen estar alrededor de la escena central que desempeñan Perrin, Marie Curie y Poincaré sentados a la mesa y con apariencia de estar trabajando. En esa misma fotografía, detrás, bastante joven, puede verse a un Einstein un tanto desubicado. Es increíble que fuera el mismo Einstein que animaba a los científicos a investigar experimentalmente su modelo del movimiento browniano. Como se acaba de anunciar, quien siguió estas directrices marcadas por Einstein sería Jean Perrin. Y lo haría en ese mismo congreso de Solvay de 1911. El interés de la lectura de Perrin no fue solo la prueba práctica de las ideas de Einstein, sino que de paso calculó el número de Avogadro y el número de Boltzmann. A Perrin le dieron el premio Nobel de Física en 1926 «por su trabajo acerca de la estructura discontinua de la materia y, especialmente, por su descubrimiento sobre el equilibrio de sedimentación». El artículo de Einstein fue la constatación teórica de la existencia de los átomos (un año antes del triste fallecimiento de Boltzmann, el hombre que defendía los átomos), y el artículo de Perrin, la prueba práctica definitiva. Los átomos existían y el pequeño reducto *empiriocriticista* quedaba acallado para siempre.

Ya sabemos que existen los átomos pero, ¿cómo son? Pues la verdad es que nadie los ha visto; al fin y al cabo, Mach tenía razón en eso. No podemos verlos de manera directa, con nuestros ojos, pero el ser humano ha ideado distintas formas de «mirar». Nos introducimos aquí en el fascinante mundo de los modelos atómicos. A mis alumnos, todos los años les pinto un monigote con forma humana. Lo pinto en grande, en la pizarra. Les pregunto: «¿Qué es eso?». Año tras año responden: «Una persona». Y les termino animando: «Si es una persona, salúdala, a ver si contesta». Hay que decir que los alumnos y alumnas saludan al monigote, pero este no responde, porque realmente no es una persona, es un modelo de persona. Y este modelo sirve para algunas situaciones, por ejemplo, para hablar del concepto de «persona». Pero si mi cirujano me explica cómo va a practicarme un cateterismo cardíaco dibujando un monigote, empezaría a preocuparme y mucho. De este modo, la historia de los modelos atómicos es la historia del monigote perfeccionado, algo parecido a un míster Potato al que se le han ido sustituyendo partes viejas por algunas más modernas y al que se le han añadido algunas mejoras. La historia de los modelos atómicos es la historia de un míster Potato *versión pro.*

Muchos son los libros que relatan con detalle las ideas atomistas griegas, así como el primer modelo atómico de carácter científico, el modelo atómico de Dalton. Una posible división de los modelos atómicos puede realizarse de acuerdo con dos «eras»: la pre-nuclear y la nuclear. Como su nombre indica, los modelos pre-nucleares son aquellos en los que no se tenía constancia de la existencia de un núcleo, estos son los modelos de Dalton y de Thomson. En los modelos nucleares ya hay conocimiento de la presencia del núcleo, son los de Rutherford, Bohr, Sommerfeld y el de orbitales. Los dos últimos, a su vez, son modelos cuánticos. Debe saber el lector que hay otros modelos que no han tenido la fortuna de pasar a la historia con tanta fama como los anteriores. No queremos aquí repetir lo que ya se ha leído una y otra vez en todos esos libros de texto y de divulgación. Vamos a ir a detalles más concretos: cómo se llegó a algunas de estas abstracciones necesarias para modelar el átomo.

Durante la segunda mitad del siglo XIX se desencadenó una carrera por el estudio del comportamiento de gases a bajas presiones sometidos a corrientes eléctricas. En torno a 1870, el científico inglés William Crookes (1832-1919) inventó el «tubo de Crookes», ideado para este tipo de investigaciones eléctricas en gases. Pronto se vio que, en el interior de estos gases enrarecidos y sometidos a descargas, aparecían unos misteriosos rayos, que fueron llamados *rayos catódicos* por Eugen Goldstein (1850-1930) en 1876. Poco tiempo después vendría el ya mencionado Jean Perrin, que en 1895 descubrió y confirmó la naturaleza eléctrica negativa de los rayos catódicos, reforzando así una vía de investigación que acabaría en un descubrimiento importante por parte de J. J. Thomson, John Sealy Townsend y Harold Albert Wilson en 1896: las cargas eléctricas negativas de los rayos catódicos son partículas independientes presentes en toda la materia. Estas cargas eléctricas eran llamadas *corpúsculos* o *átomos de electricidad.* En este mar de confusión semántica, el físico irlandés George Johnstone Stoney (1826-1911) acuñó el término de *electrón,* como dejó escrito en una carta adjunta a un artículo enviada a los editores de *Philosophical Magazine* en octubre de 1894. La razón matemática entre el valor de la carga y la masa del electrón fue lo que midió Thomson, de ahí que sea considerado su descubridor, a pesar de que ya había pistas de su existencia real. Lo que sorprendió en aquel momento fue constatar que unos rayos tenían masa.

A Thomson le corresponde el modelo atómico conocido como «pastel de pasas», en el que nos muestra un átomo compacto de carga positiva dentro del cual están insertadas las cargas eléctricas. Publicó sus ideas en 1904 en la revista *Philosophical Magazine,* donde también especulaba sobre el posible movimiento de los electrones sin dejar nada claro. Estamos acostumbrados a imaginar que el modelo de Thomson es una magdalena con pepitas de chocolates insertadas y estáticas, si bien Thomson no dijo eso nunca, sino todo lo contrario: «Suponemos que el átomo consiste en corpúsculos moviéndose en una esfera de carga positiva uniforme». Vale, insertadas, pero moviéndose de algún modo. La importancia del modelo de Thomson radica en que es el primer modelo que rompe con la idea de la indivisibilidad del átomo (*átomo* significa 'indivisible' en griego), pues, si tiene partes, significa que es divisible. Fue tal la importancia del modelo de Thomson que ha pasado desapercibida una sutil variación del modelo. De nuevo entra aquí en escena Jean Perrin, quien aseguró que los electrones no estaban dentro de ese pastel de pasas, sino en la periferia, en la parte de fuera, basándose en que podían ser arrancados con facilidad. Esta mínima corrección podría haberlo llevado al descubrimiento del núcleo, pues Perrin estaba «separando» las cargas positivas de las negativas, como realmente ocurre en el átomo. Por otra parte, el físico japonés Hantaro Nagaoka (1865-1950) no aceptó la idea de Thomson, así que propuso en 1904 el «modelo saturniano»: los electrones dan vueltas alrededor de una gran masa positiva de modo análogo a los anillos de Saturno. Aunque parece que la comunidad científica no le prestó atención, no es del todo cierto, puesto que el propio Rutherford lo citó al presentar su modelo basado en pruebas experimentales. Tengamos en cuenta que lo que hizo Nagaoka fue mostrar una hipótesis que iba por buen camino. Pero en aquel momento histórico, las hipótesis sobre el átomo eran variadas, mientras que Rutherford y su equipo diseñaron un experimento con el que «vieron» la estructura del átomo.

Thomson fue profesor del bien conocido Ernest Rutherford (1871-1937), así que no es de extrañar que este último llegase con sus investigaciones a plantear un modelo atómico mucho más refinado que el de su maestro. Lo pudo lograr a partir del análisis del «experimento de la lámina de oro», estudiado en la escuela durante generaciones (si el lector no lo conoce bien, puede realizar una rápida búsqueda en Internet y aparecen cientos de entradas divulgativas). Este experimento también es llamado *experimento de Geiger-Marsden,* pues fueron estos dos científicos experimentales quienes lo llevaron a cabo en 1909 bajo la tutela de Rutherford. Como buen profesor, utilizó los datos del experimento para construir un modelo atómico muy extendido como primera aproximación: el átomo consta de electrones que giran alrededor de un punto donde se concentra toda la carga positiva y casi la totalidad de la masa del átomo (o sea, la propuesta del japonés). Se hace referencia a este modelo en ocasiones como «modelo planetario» por su similitud con el sistema solar. De nuevo nos vemos obligados a sacar a la luz un texto de nuestro desairado Perrin. Su libro *Los átomos* (1913) es un verdadero manual de lo que el ser humano había descubierto sobre los átomos en los últimos veinte años. Habla de prácticamente todos los científicos citados arriba, y de muchos más. Alaba las investigaciones de Thomson y acaba concluyendo, en uno de los apartados, su visión planetaria del átomo:

> El átomo es por tanto no indivisible, en el sentido estricto de la palabra, así que consiste posiblemente en una especie de Sol positivo, donde reside su singularidad química, y alrededor del cual hay una nube de planetas negativos, del mismo tipo para todos los átomos.

El modelo de Rutherford presentaba un problema que fue resuelto, precisamente, en 1913. Según las ecuaciones descritas por Maxwell, cualquier partícula cargada irradia energía si dicha partícula se encuentra acelerada. Y, si pensamos en el modelo planetario, los electrones se aceleran, en concreto sienten una aceleración centrípeta («hacia el centro»), puesto que cambian su velocidad de dirección constantemente (la aceleración puede tratarse de cambios en el valor numérico de la velocidad o de cambios en su dirección). Pero llegó Bohr y solucionó el problema diciendo que los electrones encontraban unas órbitas donde no perdían energía. Puede parecer una hipótesis más, como la de Nagaoka, pero no. Bohr se basó en la recién inaugurada física cuántica, de manos de Planck y de Einstein, y publicó una serie de artículos en 1913 que bien podrían ser materia académica en cualquier facultad de ciencias. Una vez más debemos hacer un inciso, ahora para explicar los precedentes que llevaron a la elaboración del modelo de Bohr.

El físico alemán Max Planck (1858-1947) fue una de esas personas que revolucionaron la física de su momento hasta tal punto que alguna gente pensaba que estaba loco por lo novedoso de las ideas que introdujo. Andaba estudiando la radiación de energía calorífica por distintos cuerpos, en concreto investigaba una solución a la catástrofe ultravioleta. A la hora de describir el comportamiento energético de este tipo de cuerpos no salían las cuentas. Según la ley clásica de Rayleigh-Jeans, un cuerpo sujeto a emisión radiomagnética de frecuencias altas (ultravioleta) emitiría una cantidad infinita de energía. Algo absurdo que no se correspondía con la experiencia. Planck advirtió que la clave estaba en saber de qué modo un cuerpo negro absorbe o cede energía. Antes de Planck, las operaciones para el cálculo de la energía total emitida se hacían con integrales, pues se suponía que la energía es continua, es decir, puede tomar todos los valores posibles. Al introducir integrales en el cálculo se estaba asumiendo que se hacía una suma de infinitos términos. Sin embargo, Planck probó algo: ¿y si la energía no pudiera tomar cualquier valor, sino solo unos concretos? Si esto fuese así, si existiesen lo que entonces se llamaban *átomos de energía*, esa integral de infinitos términos se convertiría en una suma de términos discretos. Es decir, un cuerpo absorbe o cede energía en pequeños paquetes mínimos de energía. Planck descubrió que la energía de estos paquetes mínimos era directamente proporcional a la frecuencia de la luz en cuestión, siendo la constante de proporcionalidad lo que hoy se conoce como *constante de Planck*. Y las cuentas así sí salían, a pesar de que pudiera parecer una idea extravagante. Es más, su expresión matemática explicaba perfectamente la ley de Stefan-Boltzmann (energía proporcional al cuadrado de la temperatura) y la ley de Wien (longitud de onda inversamente proporcional a la temperatura). Una idea loca que hoy se asume con absoluta naturalidad y que fue el comienzo de la física cuántica. Recuérdese que *cuanto* significa 'cantidad', es la cantidad mínima de una magnitud cuantizada (que va en paquetes, que no es continua).

Planck fue un hombre realmente desgraciado en lo tocante a la familia. Tuvo cuatro hijos con su primera esposa, Marie Merck (1861-1909), fallecida por tuberculosis veintidós años después de las nupcias. Contrajo matrimonio por segunda vez en 1911, con Marga von Hoesslin (1882-1948), y en esta ocasión su esposa le sobrevivió. Con esta segunda pareja, Plank tuvo a su quinto hijo. Los cuatro primeros hijos murieron antes que él, tres de ellos siendo aún muy jóvenes. Karl (1888-1916), el mayor, murió en la Batalla de Verdun, en la Primera Guerra Mundial. Las gemelas Emma (1889-1919) y Grete (1889-1917) fallecieron dando a luz a sus hijos. Erwin (1893-1945), el menor del primer matrimonio, fue ejecutado el 23 de junio de 1945. Ocurrió en la prisión de Plötzensee, tras ser sentenciado a muerte por el Volksgerichtshof (la 'Corte del pueblo'), pues se lo vinculaba con el intento fallido de asesinato de Hitler. Una existencia triste que descubre una también triste analogía, la vida de sus seres queridos vivida como en cuantos de vida, como sus propios cuantos de luz.

Más adelante, Einstein tomaría el testigo de Planck para dar una explicación al efecto fotoeléctrico, publicando en 1905 un artículo intitulado «Sobre un punto de vista heurístico concerniente a la emisión y transformación de la luz». El efecto fotoeléctrico fue observado por primera vez por Heinrich Hertz (1857-1994) en 1887, cuando experimentaba con las ondas electromagnéticas. Dicho efecto consiste en la observación de electrones que salen despedidos de un metal al ser iluminados con luz visible o con otro tipo de ondas electromagnéticas (son las chispas que salen al introducir metales en el microondas). Los propios rayos catódicos que llevaron a Thomson a descubrir el electrón son un caso de efecto fotoeléctrico; de hecho, uno de los capítulos del artículo de Einstein es: «Sobre la producción de rayos catódicos mediante la iluminación de cuerpos sólidos». En 1902 hubo un paso importante al respecto que Einstein supo ver: «La interpretación usual, que la energía de la luz está distribuida de forma continua en el espacio irradiado, encuentra graves dificultades especialmente en el intento de explicar los fenómenos electroluminiscentes [fotoeléctricos], que han sido presentados por el señor Lenard en un trabajo que abre nuevos caminos». Así es, el artículo de Lenard recogía que la energía de los electrones emitidos dependía de la frecuencia de la luz incidente. Einstein conjuntó esta idea con los cuantos de luz: los electrones podían absorber dichos cuantos ganando energía cinética suficiente para –literalmente– escapar del metal. Pero claro, no ocurre a cualquier frecuencia, pues la energía del cuanto depende de ella. Albert Einstein recibió el premio Nobel de Física por este trabajo en 1921. Por cierto, estos cuantos de luz fueron bautizados como *fotones* en 1926 por Gilbert Newton Lewis (1875-1946), en una carta al director en *Nature*. De Lewis hablaremos en otra nota a pie de página.

Pues bien, Niels Bohr, igual que hizo Einstein, tomó los cuantos de Planck y se los llevó al átomo. Dedujo que las órbitas de los electrones alrededor del núcleo están cuantizadas, es decir, que solo pueden darse unas órbitas concretas, no cualesquiera. En estas órbitas concretas no se emite energía, por lo que no acaban cayendo al núcleo como podría deducirse de la teoría electromagnética. Además, demostró que los electrones pueden saltar de un nivel inferior a uno superior absorbiendo un fotón o, por contra, descender de un estado excitado a un nivel inferior al emitir un fotón. Con esto quedaban explicados los espectros atómicos. En 1916, Sommerfeld refinó el modelo basándose, una vez más, en un trabajo de Einstein: la teoría de la relatividad. El modelo de Bohr-Sommerfeld fue el primer modelo atómico cuántico y todavía en la actualidad es capaz de explicar muchas cosas. Por si no quedaba claro el carácter cuántico de la naturaleza, el físico norteamericano Arthur Holly Compton (1892-1962) descubrió en 1923 que los fotones pueden cambiar su longitud de onda al chocar con electrones, lo cual disminuye su energía, pero no de manera continua, sino en cuantos. Al año siguiente, el físico francés Louis de Broglie (1892-1987) propuso que toda materia debe tener asociada una onda, lo que se conoce como *dualidad onda-corpúsculo.* Pero lo anterior lleva asociado el comportamiento ondulatorio del electrón descubierto por George Paget Thomson (1892-1975), hijo de J. J. Thomson. Y un año más tarde, en 1925, el físico francés Erwin Schrödinger (1887-1961) dedujo la ecuación de onda del electrón, conocida como *ecuación de Schrödinger.* A partir de aquí el asunto se complica, deja de ser intuitivo y hay que tener una preparación matemática adecuada para poder abordar el conocimiento pleno del actual modelo atómico de orbitales, basado en la mecánica cuántica y la teoría de la relatividad. Los cuatro últimos científicos citados obtuvieron sendos premios Nobel de Física por las contribuciones mencionadas: Compton (1927), de Broglie (1929), Schrödinger (1933) y G. P. Thomson (1937).

Evidentemente, los modelos planetarios de Thomson-Perrin, de Rutherford y de Bohr-Sommerfeld han quedado muy superados en la actualidad, pero nos vamos a detener aquí. Sin embargo, con magdalenas y planetas se pueden explicar gran cantidad de fenómenos observados en la naturaleza. Los modelos siempre son limitados, pero nos ayudan a acercarnos al mundo físico poco a poco. De hecho, este conocimiento fue suficiente para que Jean Perrin hiciera una propuesta teórica: en las estrellas se dan reacciones nucleares que producen helio a partir de la fusión del hidrógeno. Con los datos aportados por Francis William Aston (1877-1945), el astrofísico británico Arthur Stanley Eddington (1882-1944) fue el primero en realizar un estudio de la nucleosíntesis como fuente de energía del Sol y del resto de las estrellas. Es cierto que un análisis más serio basado en la reciente mecánica cuántica vendría en 1928 de la prolífica mente de George Gamow (1904-1968).

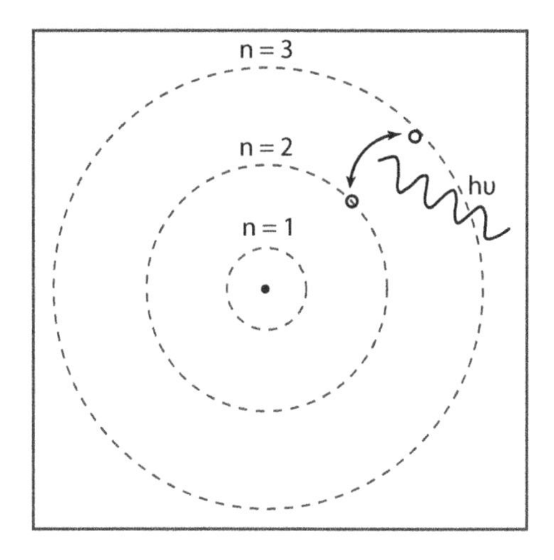


**Figura 3.** Representación esquemática de un átomo según el modelo de Bohr. Cuando un electrón salta de nivel gana o emite un fotón de energía hυ. Autor: Sadi Carnot. (commons.wikimedia.org/wiki/File:Bohr_model_(20072002T1450).jpg)

* * *

«La brevedad, gran mérito», decía el poeta Rodolfo en *La Bohème.* Con modelos simples podemos acercarnos muy bien al mundo, aunque no se trate de fieles representaciones de la realidad. Con los modelos anteriores a la mecánica cuántica (1925) ya se pudo comenzar a estudiar el poder del núcleo atómico. En los núcleos de los átomos hay una cantidad enorme de energía contenida que puede liberarse de dos formas básicas: la fusión nuclear (se unen los núcleos de dos átomos) o la fisión nuclear (se rompe el núcleo de un átomo). En aquella mina de Oklo de la que hablábamos al principio de este capítulo se produjeron varios sucesos de fisión nuclear de manera natural hace 1.700 millones de años. Lo descubrió en 1972 un físico francés que precisamente realizó su tesis, sobre el movimiento browniano, en 1928. Este físico francés se llamaba Francis Perrin (1901-1992). Francis era el hijo de Jean Perrin, el hombre en la sombra que convirtió las magdalenas en planetas y que dio la razón a Boltzmann, aquel otro hombre que confiaba en los átomos.

Escucho al imperecedero Luciano Pavarotti, en el papel de Rodolfo, interpretar el *O soave fanciulla,* un conocido dueto de *La Bohème.* Esta ópera, como ocurrió con los átomos, no fue bien acogida en su estreno, que tuvo lugar el mismo año en que Perrin investigaba los rayos catódicos, 1896. Un hermoso libreto de Giuseppe Giacosa y Luigi Illica que introdujo algunas innovaciones en el panorama operístico, como haría Planck con sus cuantos. Pavarotti tiene un aire de autoridad en el dueto entre Rodolfo y Mimì; se trata de la clásica escena del enamorado que no tiene por qué ver a una mujer hermosa en su amada, lo que hace es proyectar sus propios deseos sobre la imagen de esta. Nuestros modelos científicos no pueden caer en esta ensoñación; debemos ser capaces de ver sus defectos, de sacudirles la autoridad y de no elevarlos a torres de marfil:

> Oh, joven graciosa,
> oh, cara bonita,
> bañada de luz de luna,
> ¡en ti veo vivo el sueño que siempre he querido soñar!

# 4
# El Newton de la electricidad

*Desde el punto de vista epistemológico, uno de los avances científicos más importantes es la fusión de leyes, principios, teorías, etc. A medida que el ser humano ha ido descubriendo hechos y regularidades en la naturaleza, se han hecho esfuerzos de todo tipo para reunir teorías aparentemente inconexas. El mundo de hoy es radicalmente diferente al de hace un siglo y medio gracias al descubrimiento de que la electricidad y el magnetismo son dos caras de una misma realidad. Y esto fue posible gracias a las relaciones entre científicos de distintos países, a los viajes y el flujo de conocimientos, a pesar de que la historia también contemple odios, envidias y mezquindades. En este capítulo hablaremos de Ampère y de cómo, gracias a sus trabajos, hoy sabemos acelerar partículas, algo fundamental en la radiomedicina.*

La primera vez que estuve en Londres llegué a la capital por vía ferroviaria desde la estación central de Liverpool, en uno de esos trenes rojos de la compañía Virgin. Cuando ves pasar aquellos vagones es imposible que en tu mente no resuene ese «tiin tiin to tiin tiin tin ti to tiin» del *Tubulars Bells* de Mike Olfield, la primera y acertada apuesta del excéntrico millonario Richard Branson, fundador de Virgin Records. Sin embargo, como decía, el viaje lo inicié desde la ciudad de Liverpool, donde había estado bastantes días frecuentando el local The Cavern Club, el mítico garito donde tocaron los Beatles, reconstruido en 1984. No podía ser de otra manera, en mi oído rondaban temas como *Let it be*, *Yellow Submarine* o *Yesterday*. No perdí las ganas de seguir disfrutando de estas melodías, a pesar de que soy experto en perder cosas en los viajes en tren: en el trayecto Eindhoven-Utrech perdí mi DNI (tuve que salir con un salvoconducto de Holanda) y en el trayecto Burdeos-París perdí un iPod mini de los que ya no se fabrican (y eso que le había grabado mi correo electrónico en un ingenuo exceso de confianza en el ser humano). Los viajes en tren por Francia son de una belleza extraordinaria debido a los hermosos paisajes que se van atravesando. Una de las visitas que realicé en ese país fue a la ciudad de Lyon, a la que fui exclusivamente para seguir la pista de uno de los más grandes científicos que ha dado la humanidad.

* * *

Los viajes, como la música, comportan innumerables beneficios. El conocer distintas culturas de primera mano te hace ser más tolerante, abrir la mente y bajarte de ese pedestal de eterna posesión de la razón al que a veces nos elevamos sin ser conscientes. De este modo lo entendía el irlandés Richard Boyle, conde de Cork, a la hora de educar a sus hijos. Entre su progenie se encontraba el famoso y muy honorable Robert Boyle (1627-1691). En la incipiente época del *Grand Tour*, el conde envió a Boyle y a su hermano a realizar un itinerario por varias ciudades en distintos países de Europa, sobre todo por Francia e Italia. El contexto histórico es el de un mundo en el que aún no había trenes y donde los viajes podían llegar a ser largos y realmente peligrosos (el propio Boyle cuenta en sus cartas más de un percance desagradable en estos trayectos). Pero como consecuencia positiva dotaban también de una educación íntegra en muchos sentidos, aunque solo al alcance de los más pudientes. Tal vez por eso la amplitud de miras de Boyle era excepcional, hasta tal punto que un análisis de su obra completa es absolutamente inabarcable para el común de los mortales. Boyle fue un defensor extremo del experimento. Nos basta aquí mencionar que, a pesar de su obsesión por la experiencia, tomó la hipótesis del atomismo como pilar fundamental en parte de su legado científico-filosófico, especialmente en sus estudios sobre el *resorte* de los gases. La materia puede entenderse formada por pequeñas partículas semejantes que pueden acercarse o alejarse (en términos del posterior modelo cinético de la materia), lo cual se traduce en un aumento o disminución de la presión (la ley de Boyle-Mariotte dice que un gas sometido a presión verá cambiado su volumen de manera inversa, si estamos trabajando a temperatura constante). Gracias al perfeccionamiento del modelo cinético de la materia y a la constatación de la existencia de los átomos en el primer tercio del siglo XX, la ley de Boyle y otras leyes de los gases vieron una causa más allá de lo fenomenológico. Lo mismo ocurrió con el concepto de *partícula cargada*, la existencia real de los electrones y otras partículas dieron explicación a grandes ideas científicas que habían sido aceptadas durante siglos. Nos detenemos aquí en el electromagnetismo, el cual hoy ve sus bases en la existencia de partículas eléctricas. Necesitaríamos varios volúmenes para escribir una historia de la electricidad y el magnetismo, si quisiéramos mencionar las aportaciones de todos los personajes que han tomado parte en dicho relato. Sin embargo, aquí solo nos vamos a fijar en detalles que son más difíciles de encontrar en obras generalistas.

Es sabido que Napoleón Bonaparte (1769-1821) era un entusiasta de la ciencia, o al menos eso parece por sus muchos mecenazgos. Quedó completamente fascinado cuando le llegaron noticias de la invención de un aparato capaz de almacenar energía eléctrica para ser usada al antojo de su propietario. Así que invitó en 1801 a Alessandro Volta (1745-1827) y acabó constituyendo el «Premio Volta» (también llamado «Premio al galvanismo»). Por aquellas fechas, Gian Domenico Romagnosi (1761-1835), jurista y político italiano que tonteó con la ciencia, acababa de entrar en prisión por asuntos políticos. Igual que Napoleón, había quedado prendado de la pila que Volta desarrolló en 1800 (*pila* porque se «apilaban» de manera alterna discos de cobre, paños húmedos y discos de cinc). La pila desató la imaginación de científicos en todo el mundo, aunque también de eruditos en otras materias. Romagnosi no fue menos, se le ocurrió poner una pila sobre una aguja imantada y parece que observó que esta se desviaba, lo cual constituye una relación entre la electricidad y el magnetismo. Envió su observación a varios periódicos locales y estos la recogieron; así lo hicieron, por ejemplo, el *Ristretto dei Foglietti Universali* el 3 de agosto de 1802 (a veces mal referido como *Gazzetta di Trento*) y el *Notizie Universali* el 13 de agosto de 1802 (a veces mal referido como *Gazzetta di Rovereto*). El jurista italiano llegó a enviar su experimento a la *Academia de las Ciencias* de París en 1802 y parece que reenviaron el trabajo al comité del Premio Volta, pero no se conoce informe al respecto. El trabajo de Romagnosi cayó en el olvido, a pesar de que fue reivindicado en dos manuales: *Essai théorique et expérimental sur le Galvanisme* (Giovanni Aldini, 1804) y *Manuel du Galvanisme* (Joseph Izarn, 1805). Si el lector conoce algo sobre la historia del descubrimiento del electromagnetismo, este suele atribuírsele a Hans Christian Oersted (1777-1851). Sin embargo, su descubrimiento es dado a conocer en 1820, casi veinte años después del anuncio de Romagnosi. En la literatura científica hay cierta controversia sobre este asunto, aunque no es difícil entender por qué Oersted se quedó la etiqueta de descubridor del electromagnetismo. Los textos de Romagnosi no fueron comunicados de una forma correcta, su descubrimiento fue anunciado en periódicos locales y mediante una carta a la Academia de las Ciencias de París. En este sentido, Oersted fue más agudo, el 21 de julio de 1820, envió su artículo en latín (*Experimenta circa efectum conflictus electrici in acum magneticam*) a las más importantes revistas científicas europeas, facilitando así su traducción a las lenguas más influyentes de Europa. Además, mientras que Romagnosi daba una explicación superficial del descubrimiento, Oersted introducía más detalles técnicos importantes para poder reproducir la experiencia, tales como las posiciones de la aguja, la necesidad de un circuito cerrado y la ausencia de contacto físico. Sumemos a esto que Romagnosi no era científico al pie de la letra, era un hombre de leyes y político que se acercó algo a la ciencia, así que muchos no lo tomaron en serio. Oersted aquí le tomaba la delantera, era profesor universitario, entregado a los estudios del galvanismo y pronto acumularía fama como conferenciante y divulgador. Incluso se dice que Jacob Christian Jacobsen (1811-1887) acabó fundando la cervecera Carlsberg, animado por la necesidad de introducir mejoras científicas en el sector tras escuchar, siendo adolescente, una conferencia de Oersted. Los viajes al extranjero y en especial a Francia le habían proporcionado a Oersted múltiples contactos que le dieron cierto crédito en lo que comunicaba. En definitiva, Dibner lo resume espléndidamente en *Oersted and the Discovery of Electromagnetism*:

> Como en la parábola de la semilla, uno [experimento de Romagnosi] fue una siembra temprana sobre terreno pedregoso y el otro [experimento de Oersted] se realizó en plena primavera y cayó sobre buena tierra, echó raíces y floreció.

Así es, floreció del tal modo que científicos de toda Europa repetían el experimento de Oersted y otros tantos querían darle explicación. El físico y político francés François Arago (1786-1853) asistió a una demostración realizada en Ginebra y quedó tan admirado que lo repitió en la Academia de las Ciencias de París. Tuvo que hacerlo en dos ocasiones en el curso de dos semanas, dado el escepticismo que, como es natural, un efecto tan novedoso suscitó en algunos. La segunda sesión se produjo el 11 de septiembre de 1811. Allí estaba André-Marie Ampère (1775-1836) y aquel sería el suceso que cambiaría por completo su carrera científica. Todo gracias al viaje de Arago, quien sería uno de sus biógrafos más importantes.

Ampère se había hecho un importante hueco en la ciencia francesa gracias a su gran capacidad matemática; de hecho, se ganó la vida como profesor de matemáticas en varias universidades galas. Sin embargo, en la primera y segunda décadas del siglo XIX se acercó algo a la química, pero no fue bien recibido. Al igual que le pasara a Romagnosi, fue visto por los químicos como un intruso, dado que su especialidad eran las matemáticas. Es una lástima que no cuajasen sus estudios en esta disciplina, pues llegó incluso a la misma hipótesis que Avogadro, de manera independiente, en 1814: en condiciones iguales de presión y temperatura, volúmenes iguales de gases contienen el mismo número de partículas. El desaire entre los químicos no le hacía sentir bien, ni siquiera acabaron de aceptarlo cuando descubrió un nuevo elemento, el flúor, cuestión de la que se hablará en otra nota a pie de página. Este era el ambiente científico en el que se encontraba Ampère, un matemático excelente con necesidad de ampliar su campo de estudio, así que el experimento de Oersted supuso la horma de su zapato. Tras asistir a la demostración de Arago, escribió a su hijo:

> He ocupado todo mi tiempo en un acontecimiento importante en mi vida. Desde que escuché por primera vez el agudo descubrimiento de Oersted... sobre la acción de las corrientes galvánicas sobre una aguja magnetizada, he pensado en ello constantemente. Todo mi tiempo ha estado dedicado a la escritura de una gran teoría sobre esos fenómenos y todas esas teorías ya conocidas acerca del magnetismo, realicé los experimentos indicados por esta teoría, de los cuales se deducen y me hacen conocer muchos nuevos hechos... y así ahora hay una nueva teoría sobre el magnetismo... No se parece a nada de lo que se ha dicho sobre él hasta el momento.

Ampère estaba en lo cierto. Acabaría desarrollando una teoría que daría la base científico-matemática al electromagnetismo. Encontró que la causa del magnetismo estaba en las «corrientes amperianas», cargas en movimiento dentro de ciertos materiales que producen campos magnéticos a su alrededor. La causa del magnetismo no era la electricidad, sino el movimiento de las cargas eléctricas. Y todo lo fundamentó matemáticamente de una manera extraordinaria, aunque el formalismo no estuviese al alcance de todos en aquel momento. Su obra cumbre llevaría el título *Teoría de los fenómenos electrodinámicos deducidos únicamente de la experiencia*. Así fue, basándose en multitud de experimentos (aunque no era buen experimentador), llegó a fundar una disciplina a la que él mismo puso nombre: la *electrodinámica* (cargas eléctricas en movimiento, como el propio nombre indica). También se le deben los términos *galvanómetro* y *solenoide*, dispositivos que usó en sus experimentos probatorios. Si Romagnosi y Oersted vislumbraron el noviazgo entre la electricidad y el magnetismo, Ampère fue el sacerdote que los unió en un matrimonio imperecedero. Años más tarde, Maxwell se referiría a Ampère como «el Newton de la electricidad», haciendo referencia a la unificación llevada a cabo por Newton entre la mecánica celeste y la mecánica terrestre.

Si las corrientes eléctricas crean un campo magnético a su alrededor, es tentador pensar que un campo magnético pueda crear una corriente eléctrica. Ampère realizó experimentos al respecto, pero no supo verlo, al igual que le ocurrió a Romagnosi con el caso opuesto. La demostración de este fenómeno llamado *inducción electromagnética* se debe al excelente físico experimental Michael Faraday (1791-1867), quien lo conseguiría en 1831 tras varios años de investigación. La inducción electromagnética es la forma que tienen los generadores eléctricos de «fabricar» electricidad, mediante alternadores. La clave está en la existencia de un campo magnético variable que cruza el interior de una espira (más explícitamente un flujo magnético variable). Como posiblemente sabrá el lector, estos generadores son los que proporcionan gran parte de la energía eléctrica en nuestros hogares y los que mantenían encendidas las bombillas de las luces de la bicicleta que funcionaban con dinamos. Aunque Faraday tenía limitados conocimientos matemáticos (fue un autodidacta que aprendió como ayudante de librero), era un gran experimentador y un dibujante excepcional, características que le hicieron tener una intuición excelente. En el fondo, la inducción electromagnética también puede ser estudiada bajo el prisma electrodinámico de Ampère, al igual que la importante fuerza de Lorentz.

La fuerza de Lorentz simplificada nos indica la fuerza que sufrirá una carga $q$ por el hecho de moverse a velocidad $v$ en un campo magnético $B$. La expresión matemática también nos aporta la dirección que seguirá dicho movimiento: circular y perpendicular al plano formado entre $v$ y $B$ (en realidad son magnitudes vectoriales). Este concepto se utiliza de manera habitual en distintos tipos de aceleradores de partículas. En un ciclotrón se produce un campo eléctrico oscilante que hace que un ion aumente su velocidad cada media vuelta y ascienda con dicha velocidad el radio de giro, comenzando por un punto central y terminando por la periferia. De la electrodinámica de Ampère se puede derivar el hecho de que existan atracciones o repulsiones entre dos conductores por los que pasa corriente eléctrica. De aquí hay un paso para entender que una carga que se mueve por el interior de un campo magnético sufrirá una fuerza (fuerza de Lorentz), puesto que esta carga puede imaginarse como parte de un flujo eléctrico dentro de un conductor.

* * *

Mi fascinación por André-Marie Ampère es tal que llegué a pasar unos días en Lyon, ya que fue en la ciudad de los *bouchons* donde nació y se crio este Newton de la electricidad. La vía ferroviaria también me llevó a París, para poder acercarme al cementerio de Montmartre y visitar la tumba del físico-matemático que ha quedado inmortalizado en la unidad de medida amperio. Mi paciente esposa tuvo que soportar la poco romántica visita, pues también descansaban allí cerca los restos de Foucault y de otras grandes personalidades que llenan los libros de Historia. La unificación electromagnética en la que tuvo tanto que ver Ampère se ha superado con la integración en el dueto de una tercera interacción, la nuclear débil, bajo el denominado *modelo electrodébil.* Cuando tomo un tren siempre me viene esa reminiscencia de Liverpool, ese *Imagine* que dice: «Puedes decir que soy un soñador, pero no soy el único. Espero que algún día te unas a nosotros, y el mundo será uno solo». Y es que la sociedad universal, solo puede unirse mediante la tolerancia, como la que aportan los viajes. Tras muchas vueltas, ya sean viajes físicos o viajes a través de los experimentos, se encuentran relaciones que no se sospechaban. Me gusta ver el símbolo de los discos de Mike Oldfield, esa campana tubular retorcida que se vuelve hacia sí misma. Hay que señalar que, en los viajes, el regreso es importante, pues en este punto es donde aparecen las relaciones y la objetividad, aunque sea el regreso a uno mismo mediante la regresión de la memoria. Como dijo Paul

Bowles en *El cielo protector*: «Mientras se desplazaba de un lugar a otro, Port era capaz de contemplar su vida con un poco más de objetividad que de costumbre. En los viajes solía pensar con más claridad y tomaba decisiones de las que era incapaz cuando estaba asentado en un lugar fijo». Cuando viajamos por la historia de la ciencia observamos algo muy curioso y es que lo que aprendemos en los libros de texto no se ha descubierto tal como viene en sus índices. Es en este sentido que Ampère fue un visionario:

> El orden en el que uno descubre los hechos no tiene nada que ver con su realidad en la naturaleza.

# 5
# Aquí está Rodas

*En el primer capítulo hablamos de las matemáticas, en los dos siguientes, de los átomos. En el tercer capítulo bajamos de los átomos a las partículas subatómicas y vimos cómo se comportan y qué tienen que ver con la electricidad y el magnetismo. Ahora nos toca generalizar y hablar de algunos elementos concretos, un ámbito en el que la geología como ciencia tiene mucho que decir. Se hará referencia, por ejemplo, a las tierras raras y al flúor, elementos esenciales en los aparatos médicos utilizados para la detección del cáncer. En nuestra era, muchas personas podrían morir si no fuera gracias a los geólogos del siglo* XIX *y a los ingenieros que, en los últimos años, saben usar los elementos que ellos aislaron.*

---

Leer fábulas es un acto de humildad que nos reconcilia con el pasado; aunque no esté de moda, es un modo de curación del argumento *ad novitatem.* Leer fábulas es más divertido de lo que parece, no puede uno menos que sonreír cuando cae en sus manos un texto de Esopo y ve que hace más de dos mil años se decían las mismas cosas que se dicen hoy; incluso el refranero popular está salpicado de aquella sabiduría que se está desautorizando en los tiempos que corren. Esopo nos cuenta en *El fanfarrón* la historia de un hombre que se dedicaba al pentatlón (el antiguo) y que sufría muy a menudo los reproches de sus paisanos sobre su falta de virilidad. Cansado de sentirse humillado salió al extranjero y volvió presumiendo de sus muchas proezas en Rodas; llegó a decir a sus conciudadanos que presentaría testigos si alguno de los presentes visitaba la ciudad junto a él. Pero uno de los contertulios rechistó: «Si es verdad eso, no te hacen falta testigos, aquí está Rodas, venga el salto». La moraleja recogida por Esopo es «que cuando es factible una demostración, todo lo que se pueda decir sobre ello está de más». El término *factible* proviene del latín, *factibilis*, y significa 'que puede ser hecho'. En *El misterio de Pale Horse*, Agatha Christie presenta un personaje que bien podría ser un fanfarrón. Al producirse varias muertes sospechosas por enfermedades inconexas, Zachariah Osborne describe con todo lujo de detalles a un señor que perseguía a un sacerdote y que más tarde sería asesinado. Presume delante del inspector, y en varias ocasiones, de ser un gran fisonomista, pero la escena ocurrió una noche, con poca luz y con niebla. No supo dar pruebas claras de su testimonio. La historia termina de modo inesperado.

* * *

En el contexto de la ciencia, un hecho que se muestre como tal debe ser descrito para que, en cualquier parte del mundo, pueda reproducirse, indicando cuáles son las condiciones en las que se puede observar de nuevo. Con la frase de Esopo «cuando es factible una demostración, todo lo que se pueda decir sobre ello está de más» se resume muy bien gran parte de la historia reciente de la ciencia: requerimos pruebas de los nuevos fenómenos descubiertos, ya sean empíricas o teóricas. La historia de la ciencia está repleta a su vez de muchas historias, y en esta nota a pie de página nos detendremos en ciertos vericuetos de la historia de los descubrimientos de los elementos. Estos hallazgos han estado salpicados de controversias, peleas, mentiras, excentricidades, casualidades y, sobre todo, una demanda continua de convertir en Rodas cualquier laboratorio donde poder re-descubrir un nuevo elemento que era anunciado como tal. En estas líneas solo haremos referencia a los siguientes elementos: flúor, tantalio, lutecio, cerio, germanio, silicio y talio. ¿Y por qué?, pues porque todos tienen que ver con la segunda sección de este libro.

El científico André-Marie Ampère es bien conocido por sus grandes contribuciones al electromagnetismo, y eso que la «ley de Ampère» no es realmente suya. Ampère fue un químico entre aficionado y académico; en cualquier caso, esta disciplina no era su pan de cada día. Cuando llegó a París, acababa de enviudar y se encontraba algo cansado de las matemáticas. Buscó refugio en investigaciones químicas e intentó establecer vínculos sociales en este sentido. Pero era un químico desubicado; en Francia no era bien visto como tal, aunque sí respetado en su campo. Por ello tuvo que buscar amigos fuera. En una Francia fuertemente enemistada con Inglaterra consiguió establecer contacto con el importante químico británico Humphry Davy (1779-1829). El francés mostraba inexperiencia en sus escritos, mientras que el británico hacía gala de templanza y mucho rodaje. En 1810, Ampère decidió compartir un descubrimiento con Davy: «Permítame dar a esta tercera sustancia oxidante el nombre de *oxyfluorique*». Tenía la certeza de haber descubierto una nueva sustancia simple, parecida en propiedades al cloro; propuso el nombre de *phtor* («destructivo», por sus características). El parecido con el cloro se encontraba en el compuesto con el que trabajó: si el cloro forma el ácido clorhídrico, el flúor forma el ácido fluorhídrico (ninguno de los dos llamados así en aquella época). El ácido fluorhídrico había sido descrito por primera vez en 1764 por el químico alemán Andreas Sigismund Marggraf (1709-1782) y repetido en 1771 por el farmacéutico sueco Carl Wilhelm Scheele (1742-1786). Aunque los compuestos de flúor estaban ya en muchos laboratorios, Davy tardó tres meses en contestar la carta de Ampère y calificó su enfoque como «muy instructivo». En 1813 confirmó la existencia del elemento y eligió el término *fluorina*, por analogía a los minerales en los que se hallaba el compuesto, que acabaría en el vocablo actual, *flúor*. Pero Davy no consiguió aislarlo, pues el flúor es el elemento más reactivo que existe, incluso se combina con los gases nobles. Hasta 1886 –y tras la intoxicación e incluso muerte de varios científicos– no se consiguió aislar el flúor. El logro pertenece al francés Henri Moissan (1852-1907), quien en 1906 recibió el premio Nobel de Química «por sus experimentos sobre el aislamiento del flúor». Los elementos químicos padecen cierto desdoblamiento de personalidad, se comportan de las maneras más extrañas si están aislados o dependiendo de con quién se junten. Así, el flúor aislado (diflúor, $F_2$) es un gas amarillo pálido terriblemente tóxico. Por contra, algunos compuestos como el fluoruro de sodio, el ácido hexafluorosilícico y el fluorosilicato de sodio son sustancias ideales para prevenir la caries. Ironías de la historia, Ampère es caracterizado por algunos biógrafos por sus dientes podridos; sin embargo hoy se practica la fluoración del agua potable en muchos países para combatir la caries dental. El flúor también está presente en el gas más pesado, el hexafluoruro de uranio ($UF_6$), usado desde el Proyecto Manhattan para obtener uranio enriquecido (U-235) por centrifugado, útil para las centrales nucleares (algo que, como ya sabe el lector, hacía la naturaleza espontáneamente hace millones de años).

Hemos usado arriba fórmulas químicas, no creo que el lector se espante por ello. De hecho, por muy poco que recuerde de su época de estudiante, seguro que conoce al menos la fórmula del agua: $H_2O$. Si a usted le parece sencilla de entender esta fórmula, debe darle las gracias a Berzelius (1779-1848). Podríamos referirnos a Berzelius como «el hombre que etiquetó los elementos». Publicó en *Anales de Filosofía* (Londres, 1814) unas recomendaciones para manejarlos de manera más sencilla, que incluía consejos incluso para las imprentas. Propuso símbolos para los elementos conocidos (una letra inicial mayúscula y una segunda letra en minúscula solo en caso de ambigüedad) y escribió las primeras fórmulas (la única diferencia estaba en que los subíndices aparecían sobre las letras). Berzelius pasó a la historia por muchas otras innovaciones en el mundo de la química (acuñó, por ejemplo, el término *proteína*) y, de hecho, se lo considera uno de los fundadores de la química moderna, junto a Dalton, Boyle y Lavoisier. Berzelius descubrió tres elementos: el cerio (1803), el selenio (1817) y el torio (1828). En la bibliografía también se le asignan en ocasiones otros, pero en realidad él no fue su descubridor, sino el primero en aislarlos: son el silicio, el circonio y el titanio. El cerio debe su nombre a Ceres, el planeta enano descubierto dos años antes (a su vez, este recibió el nombre por la diosa de romana de la agricultura; de ahí derivan palabras como *cereal*). Si el nombre del tercero de los elementos, *torio,* se hubiese puesto en la actualidad, se podría considerar una *frikada,* puesto que se hizo en honor al dios vikingo Thor (el símbolo es, de hecho, *Th*).

Entre sus muchos alumnos tenemos a dos desconocidos que tienen que ver con descubrimentos de elementos: el sueco Anders Gustaf Ekeberg (1767-1813) y el padre del alemán Clemens Alexander Winkler (1838-1904). El accidentado Ekeberg se quedó algo sordo por un resfriado muy grande sufrido en su infancia y perdió un ojo en un accidente de laboratorio, pero eso no le impidió identificar el tántalo como un nuevo elemento en 1802. Ekeberg era mineralogista, una rama científica en la que existía una fuerte competencia por descubrir nuevos elementos. El hallazgo de Ekeberg cayó en una controversia en la que fue defendido por su mentor, Berzelius. Parece ser que el químico inglés Charles Hatchett (1765-1847) había descubierto un nuevo elemento el mismo año al que llamó *columbio,* en honor a Cristobal Colón. Su colega –también británico– el químico William Hyde Wollaston (1766-1928) publicó un artículo en una revista de la *Royal Society* afirmando que el columbio y el tántalo (o tantalio) eran en realidad el mismo elemento. No fue hasta 1951 que la IUPAC (*International Union of Pure and Applied Chemistry*) vino a poner un poco de orden en el asunto: Wollaston estaba equivocado y se trataba de elementos distintos. Así que el elemento de número atómico 41 tomó el nombre de *niobio,* término que proviene de Níobe, en la mitología griega la hija de Tántalo –hijo de Zeus y la oceánide Pluto–, y que a su vez da nombre al elemento de número atómico 73, el tantalio, descubierto por Ekeberg.

El otro alumno de Berzelius –el hombre que etiquetó los elementos– era el padre del químico Winkler. Nació en la ciudad alemana de Freiberg, muy conocida por su actividad minera. El municipio alberga la Universidad de minas más antigua del mundo, fundada en 1756, así que cuando Winkler hijo comenzó a trabajar como profesor (1873) ya estaba plenamente asentada. Encajó de manera idónea en la universidad, tal es así que G. D. Hinrichs llegó a decir: «La perfección de la labor analítica de Winkler me sorprendió hasta que encontré el nombre de su padre, Kurt Winkler, en la lista de los estudiantes especiales de Berzelius». Y es que Berzelius era una garantía de calidad en la época. A través de Winkler padre, el hijo acabó adquiriendo unos procedimientos que lo conducirían –entre otros logros– al descubrimiento del germanio. El profesor de mineralogía de Winkler –además de colega–, Albin Julius Weisbach (1833-1901), descubrió en 1885 un mineral en la mina Himmelsfürst, cercana a Freiberg. Acuñó el nombre de *argyrodite*, un mineral que parecía estar compuesto por plata y azufre. El propio Weisbach contaba en un artículo, en 1886, cómo Winkler había llegado a su hallazgo: observó que, tras analizar los porcentajes de los dos elementos principales, quedaba un remanente del 7 %. Se trataba del germanio y Winkler lo comunicó a la comunidad científica en la *Revista de la Sociedad Química Alemana*, en febrero de 1886. Hoy se sintetiza de diversas maneras un hidruro de germanio llamado *germano* y de fórmula $GeH_4$. Se utiliza para fabricar semiconductores de estado sólido, pero hay que manejarlo con cuidado. Este gas, más denso que el aire, es extremadamente inflamable y produce diversos problemas por inhalación (quemaduras, calambres, etc.). El germano ha sido encontrado de manera natural solo en la atmósfera de Júpiter. Por esta y otras muchas razones ese gran planeta gaseoso no es un sustituto de la montaña si usted desea respirar aire limpio por motivos médicos durante una temporada. Y es «natural», ojo.

Como ya se ha dicho, el siglo XVIII y, sobre todo, el siglo XIX están repletos de hallazgos de nuevos elementos provenientes de los estudios mineralógicos. Una de las minas más importantes del mundo es la mina del municipio sueco de Ytterby, en la isla de Resarö, una de las numerosas islas rocosas al este de Estocolmo. Precisamente en la capital de Suecia nació Carl Axel Arrhenius (1757-1824), a quien no debemos confundir con el más famoso y también sueco Svante August Arrhenius (1859-1927). Arrhenius –el primero– estuvo una temporada en Vaxholm, una localidad cercana a Ytterby, haciendo las veces de teniente del ejército. En 1787 visitó las minas de Roslagen, junto a Ytterby, allí encontró un mineral oscuro al que bautizó *ytterbita* y se lo envió al químico finlandés Johan Gadolin (1760-1852), pues había tomado parte de campañas militares en Finlandia. Este mineral permitió el descubrimiento de cuatro elementos nuevos: el iterbio, el terbio, el erbio y el itrio, que toman su nombre a la zona donde se encontraron. El mineral es conocido hoy como *gadolinita* y una de las dos variedades contiene, precisamente, el cerio descubierto por Berzelius. En las dos variedades encontramos el lutecio, un elemento que consiguió reconocer George Urbain (1872-1938). El lutecio se encuentra en menos del 1 % en una de las variedades de gadolinita y solo en trazas en la otra variedad. También se encuentran trazas de un elemento que resultó ser nuevo y que recibe el nombre de *gadolinio* en honor a Johan Gadolin.

Las minas de Ytterby son conocidas como un pozo sin fondo de tierras raras y allí se descubrieron multitud de minerales. Uno de ellos es la tantalita, donde el alumno de Berzelius Eckeberg descubrió el tántalo, aunque en este caso no se trate de una tierra rara. La mineralogía y los procedimientos químicos de los minerales nos han proporcionado el hallazgo de muchos nuevos elementos en los siglos XVIII y XIX, pero pronto vendrían nuevos métodos, en especial la espectroscopia. Robert Bunsen (1811-1899) y Gustav Kirchhoff (1824-1887) introdujeron mejoras notables en la técnica de espectroscopia de llama. Básicamente consiste en calentar una muestra, dejarla enfriar y ver los colores que emite (bajo unas condiciones instrumentales concretas y controladas). Un ejemplo paradigmático es el elemento descubierto por William Crookes en 1861 mediante el uso de este tipo de espectroscopia. Dicho elemento fue aislado al año siguiente por Claude-Auguste Lamy (1820-1878), comprobando por la misma técnica que se trataba del nuevo elemento. Observaron un color verde característico en el espectro, de ahí que se eligiese el nombre de *talio*, pues proviene del griego, *thallos*, que significa 'retoño verde'.

* * *

El talio tiene múltiples aplicaciones, desde ópticas hasta médicas. Ha llegado el momento de recordar al fanfarrón de *El misterio de*

*Pale Horse* de Agatha Christie. Era farmacéutico, como el padre de Winkler, alumno de Berzelius. Se le fue la fuerza por la boca y, al final, el inspector lo llevó a su Rodas particular al demostrar que el asesino había sido él. Todos los enfermos perdían cabello, un síntoma típico de envenenamiento por talio. Sí, el talio es muy tóxico y puede producir la muerte. El farmacéutico asesino no supo demostrar sus afirmaciones, porque eran falsas. Al cuarto día del envenenamiento por talio aparece parálisis muscular y alucinaciones, entre otros síntomas. El antídoto para la intoxicación por talio es el azul de Prusia, un antiguo pigmento que también se usa para los casos de contaminación radiactiva.

Con frecuencia no pedimos pruebas de algunos conocimientos muy asentados en nosotros que creemos verdaderos de tanto escucharlos; se trata del argumento *ad nauseam*. Por ejemplo, nos hemos habituado a oír que «lo radiactivo» es malo, sin percatarnos de que nosotros mismos somos radiactivos. Nos sentimos cómodos con los nombres de los elementos sin saber que detrás tienen una historia fascinante. Desde aquí invito a profundizar en el descubrimiento de cada uno de los ladrillos que constituyen la tabla periódica. Quien lo haga quedará asombrado y, de paso, sabrá que hay formas de demostrar que esos elementos existen y se pueden aislar. Aunque este sea un mundo que puede parecer árido, poco a poco se va suavizando. Merece la pena cerrar este apartado con Esopo, como empezamos, con la fábula de la zorra que vio a un león y que tanto recuerda al zorro de *El principito*:

> Una zorra que jamás había visto un león, cuando por casualidad se lo encontró, como era la primera vez que lo veía, de tal modo se asustó que por poco se muere. La segunda vez que se topó con él, sintió miedo, mas no tanto como al principio. Y cuando lo vio a la tercera, tanto ánimo cobró que incluso se acercó a hablar con él.
>
> La fábula muestra que el hábito mitiga las cosas más temibles.

# 6
# Hamburguesas radiactivas

*Este capítulo cuenta cómo la broma de un estudiante del siglo XIX hoy puede salvarnos la vida. La historia del descubrimiento de los isótopos radiactivos y su uso en medicina es sin duda interesante, aunque también es importante saber qué son los isótopos y qué es la desintegración radiactiva. La palabra radiactivo da algo de repelús, sin embargo, la radiactividad es algo de lo más natural y, sin ella, ni siquiera podríamos vivir. También explicaremos cómo y cuándo se predijo y se demostró la existencia de la antimateria, en concreto el positrón. La radiactividad y la antimateria salvan al año millones de vida en todo el mundo. Y todo gracias a la física.*

---

Islandia está repleta de maravillas geológicas que dejan con la boca abierta al más pasota de los adolescentes. Cuando visité Reikiavik, la capital, fue el momento perfecto para realizar varias incursiones por lugares interesantes de esa gran isla que corona la dorsal oceánica en mitad del Atlántico. La excursión a la península de Reykjanes, al suroeste del país, es todo un clásico y no puede faltar. Reykjanes es famosa por sus titánicos géiseres y el Blue Lagoon, unos baños termales a medio camino entre lo natural y lo artificial. Pude pasearme por esas aguas cálidas con una cerveza en la mano a una temperatura ambiente de unos 10 °C. Un lujo para el cuerpo, aunque mi mente conserva aún mejor recuerdo de un accidente orográfico que no he vuelto a ver: una cicatriz sin curar que partía el suelo en dos y que estaba en una zona deshabitada.

Se trataba del valle del rift Alfagja, una fosa tectónica ocasionada por la distensión de dos placas tectónicas. Esa gran brecha en mitad del terreno parecía un camino cubierto por una arena oscura y gruesa y en cuyos márgenes se alzaban grandes columnas rocosas, un espectáculo realmente singular. La profundidad del rift es de unos seis metros; sobre este antojo de la naturaleza, el ser humano ha construido un puente de unos veinte metros de longitud. El puente recibe el nombre de «Leif el afortunado» y en él puede leerse un cartel con la frase: *Bridge between continents*, que significa 'Puente entre continentes'. Así es, ese corte a modo de camino se considera el límite entre las placas tectónicas Euroasiática y Norteamericana. El ancho de la brecha se incrementa a razón de 2 cm por año, lo que me hace pensar que, para que un país crezca, no hace falta ningún gobierno. Se puede bajar caminando al fondo de la fosa y mirar en dirección longitudinal. Allí abajo te embarga una extraña –falsa– sensación de simetría, es como si se hubiera dado un tijeretazo a un folio con el resultado de dos fragmentos especulares.

* * *

La naturaleza nos oculta simetrías extraordinarias; la investigación científica ha ido descubriendo que estas simetrías y las leyes de conservación son la base para entender el funcionamiento del mundo. Fue la matemática alemana Emmy Noether (1882-1935) la que dio con la clave de la conexión entre estos dos conceptos («simetría y leyes de conservación»). Por otra parte, uno de los más grandes físicos que estudiaron a fondo la simetría fue el húngaro Eugene P. Wigner (1902-1995):

> La simetría, las consideraciones sobre la invariancia e incluso las leyes de conservación, indudablemente desempeñan un papel importante en el pensamiento de los primeros físicos, tales como Galileo y Newton, probablemente incluso antes de ellos. Sin embargo, no se pensaba que estas consideraciones fuesen realmente importantes y se articularon en muy raras ocasiones.

La física de los siglos xx y xxi le debe bastante al tratamiento de la simetría y a su ruptura, en muchas de sus disciplinas (mecánica cuántica, física de partículas, astrofísica, etc.). Hay muchos tipos de simetría y no vamos a entrar en ella, baste decir que uno de los grandes pistoletazos de salida lo dio el descubrimiento de los rayos X (1895) y que, en la actualidad, se utilizan de manera rutinaria para estudiar la disposición espacial de los átomos en una red cristalina. La cristalografía de rayos X por supuesto va mucho más allá de la búsqueda de simetrías, pues se emplea para obtener la forma de moléculas y sus enlaces en farmacología, biología molecular, ciencia forense, etc. El ejemplo clásico es el del descubrimiento de la estructura de la doble hélice del ADN; Watson, Crick y Wilkins obtuvieron el premio Nobel por ello en 1963, pero parece probado que no lo habrían logrado sin los datos de difracción de rayos X obtenidos por Rosalind Elsie Franklin (1920-1958). Y esto no habría sido posible si el físico alemán Wilhelm Conrad Röntgen (1845-1923) no se hubiese topado casualmente con una misteriosa radiación que parecía atravesarlo todo y a la que denominó, por tanto, rayos X (como la incógnita en las ecuaciones). Fue el 8 de noviembre de 1895 y es por eso que, desde el año 2013, la OPS (Organización Panamericana de la Salud) y la OMS (Organización Mundial de la Salud) celebran en esa fecha el Día Mundial de la Radiología. Röntgen, con su descubrimiento, dio comienzo al diagnóstico por imagen; de hecho, la primera radiografía que se conoce es de la mano de su mujer (fue bastante recatado, pues era consciente de que aquello iba a traer cola y se contuvo).

Hoy sabemos que los rayos X son un tipo de radiación electromagnética que es invisible a los ojos humanos y que es capaz de atravesar cuerpos opacos. Se generan cuando un haz de electrones muy energéticos pierde repentinamente velocidad al chocar con un blanco metálico. Este tipo de radiación tiene un nombre raro, *Bremsstrahlung* (significa 'radiación de frenado'). Suelen confundirse algunos términos técnicos y científicos que con frecuencia desembocan en errores conceptuales. No se debe confundir, por ejemplo, radiación con radiactividad. Hablamos de radiación cuando la ondas electromagnéticas o algunas partículas subatómicas se propagan, mientras que la radiactividad es el fenómeno por el que un núcleo atómico emite radiación que puede ser detectada, sea del tipo que sea. Es decir, la radiación puede ser provocada a partir de un núcleo atómico inestable (radiactividad) o por otros motivos sin ser por ello una fuente de radiactividad. Frases del tipo «el horno microondas es radiactivo» no son muy afortunadas y podemos aprender a descartarlas. Para entender el fenómeno de la radiactividad habría que realizar un breve repaso de las partículas constituyentes de un átomo. A ello nos disponemos en las líneas siguientes.

Atendiendo a los modelos atómicos básicos, el átomo está constituido por un núcleo y la corteza. Las partículas que integran el núcleo son los *nucleones*, que pueden ser *protones* (partículas de carga positiva) o *neutrones* (partículas sin carga). Fue Rutherford, como se dice en otra nota a pie de página, quien dedujo la base de esta estructura atómica. Si bien no observó los neutrones, sí predijo su existencia en 1920. Aunque hubo un largo camino, el físico inglés James Chadwick (1891-1974) fue quien demostró la existencia del neutrón en 1932. Y lo hizo basándose en una de las leyes de conservación de la física, en concreto la ley de conservación de la cantidad de movimiento. El neutrón resultó tener una masa prácticamente igual a la del protón, es decir, unas dos mil veces superior a la de un electrón. Mientras que neutrones y protones comparten un espacio muy pequeño (el núcleo del átomo), los electrones están alejados de dicha zona del espacio. El descubrimiento del neutrón abrió, por tanto, las puertas a una nueva era de estudio en la física: el estudio de la energía proveniente de los núcleos atómicos (piense el lector que la masa y la energía están relacionadas por la famosa fórmula de Einstein).

Un elemento viene determinado unívocamente por el número de protones de su núcleo, denominado *número atómico*, y se representa por la letra $Z$. Así, el hidrógeno (H) tiene número atómico $Z = 1$, lo que significa que en su núcleo hay un solo protón. El uranio (U) tiene número atómico $Z = 92$, es decir, el núcleo de uranio contiene 92 protones. Sin embargo, nada se dice sobre la cantidad de neutrones, de lo cual se infiere que dos átomos de un mismo elemento pueden tener distinto número de neutrones (repetimos, para que sean del mismo elemento, solo deben tener idéntico el número de protones). Se denomina *número másico* a la suma de neutrones y protones que presenta un núcleo atómico. El número másico se representa por la letra $A$, y si el número de neutrones lo representamos por $N$ es fácil ver que $A = Z + N$. Dos átomos de un mismo elemento (igual $Z$) pueden presentar distinto número másico $A$ (mismo número de protones pero distinto número de neutrones). Átomos de un mismo elemento con distinto número másico $A$ (distinto número de neutrones) se denominan *isótopos.* De este modo, el hidrógeno presenta tres isótopos que –de manera excepcional– reciben nombres propios: protio (cero neutrones), deuterio (un neutrón) y tritio (dos neutrones). También el uranio presenta isótopos naturales: U-234, U-235 y U-238. El número que aparece tras el guion es el número másico $A$, es decir, el número de nucleones. Por ende, 234 significa que en el núcleo del U-234 hay 234 nucleones, que no es más que la suma de protones y neutrones. Como el uranio siempre tiene número atómico 92, el U-234 tendrá 192 neutrones. Concluyendo, en los tres casos se trata de uranio ($Z = 92$), pero en cada caso hay distinto número de neutrones (192, 193 y 196).

El concepto de número atómico se lo debemos al físico inglés Henry Gwyn Jeffreys Moseley (1887-1915), que trabajó –cómo no– con Rutherford. Sus estudios sobre los espectros atómicos con rayos X (ley de Moseley) fue fundamental para poder caracterizar los elementos y perfilar la tabla periódica que se usa en la actualidad. Algunos historiadores han señalado que podría haber realizado muchas más aportaciones a la ciencia si no hubiese fallecido tan joven. Fue en acto de servicio, en la batalla de Galípoli (Turquía), durante la Primera Guerra Mundial. Ejercía de técnico de comunicaciones y un francotirador turco acabó con él de un tiro en la cabeza. El propio Bohr llegó a escribir:

> Se puede ver hoy en día que el trabajo de Rutherford sobre el núcleo atómico no hubiera sido tomado en serio. Tampoco lo

hubiéramos entendido hoy en día si no hubiéramos tenido las investigaciones de Moseley.

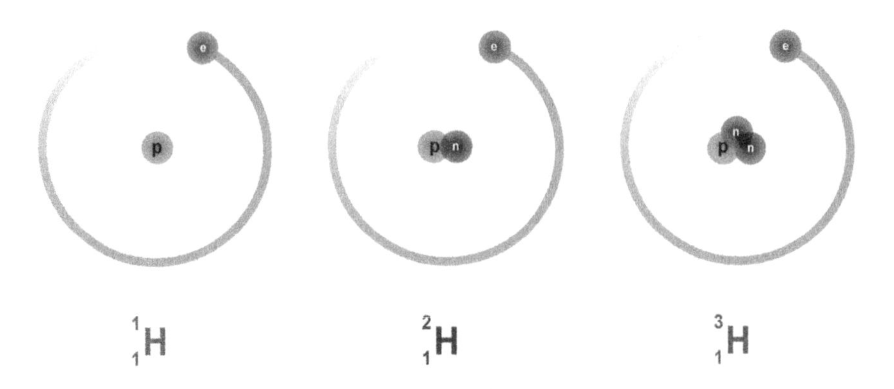


**Figura 4.** Isótopos del hidrógeno. Autor: Dirk Hünninger (commons.wikimedia.org/wiki/File: Hydrogen_Deuterium_Tritium_Nuclei_Schmatic-servian.svg)

Pongamos un ejemplo para entender mejor esto de los isótopos. Imagínese usted un día de julio en Sevilla o en Murcia, a 48 °C. Tiene dos opciones: caminar por la calle o entrar en un local con aire acondicionado a tomar una cerveza bien fría. En el segundo caso, usted se encontrará en una situación estable; cuando tenga su jarra en la mano querrá mantener ese momento durante el resto de su vida. En el primer caso, si usted camina por la calle a pleno sol con 48 °C, se encontrará en una situación inestable, empezará a sudar, se irritará y buscará con desasosiego alguna sombra que lo estabilice, no sin haber perdido algo de masa por el líquido expelido. Los átomos tienen un comportamiento parecido: los isótopos de un elemento pueden ser estables o inestables, aunque el ejemplo habría que matizarlo, pues la inestabilidad de la persona calurosa parece que viene de fuera, no de su interior. Pongamos el caso de que usted tiene un problema en el intestino y necesita descomer con urgencia. Se encuentra en una situación inestable y necesita «perder peso». En un caso ficticio podría incluso volverse tarumba y cambiar su personalidad. Pues bien, hay isótopos que, por razones diversas, emiten algún tipo de radiación que los hace llegar a situaciones de estabilidad, ya sea conservando su identidad o no, es decir, podría seguir siendo el mismo elemento, pero también se podría convertir en otro distinto. En este sentido, los isótopos son átomos que están a dieta o están a punto de empezarla. Y esto puede ocurrir de forma natural o de forma artificial.

Cuando un isótopo inestable emite radiación de forma natural hablamos de *radiactividad natural*, fenómeno que fue descubierto en 1896 por el físico francés Antoine Henri Becquerel (1852-1908) por pura casualidad, del mismo modo que un año antes se habían descubierto los rayos X. Fueron dos años significativos que se convirtieron en la puerta a la nueva física del siglo XX. Estaba trabajando con sales de uranio cuando vio que se velaban placas fotográficas, es decir, había algún tipo de radiación invisible que atravesaba los materiales opacos. Aunque en un principio se denominaron *rayos Becquerel*, pronto se adoptó el término *radiactividad*. Como si de una carrera de relevos se tratase, se fueron sucediendo descubrimientos de todo tipo en el ámbito de la radiactividad, en especial desde las cuatro manos del matrimonio Curie. Tal como se ha indicado, si esta radiactividad proviene de un isótopo existente en la naturaleza, se denomina *radiactividad natural*, así que, si proviene de un isótopo creado sintéticamente, se va a denominar *radiactividad artificial*. La radiactividad artificial fue descubierta por Jean Frédéric Joliot-Curie e Irène Joliot-Curie, al bombardear núcleos de boro y de aluminio con partículas alfa, en 1934. Por el descubrimiento de la radiactividad artificial ambos ganaron el premio Nobel de Física en 1935; es curioso el hecho de que los padres de Irène, Marie y Pierre Curie, junto a Becquerel obtuvieran el premio Nobel de Física en 1903 por el descubrimiento y estudio de la radiactividad natural. Sea radiactividad natural o artificial, en el núcleo de los átomos radiactivos ocurren los mismos fenómenos. En la actualidad se utiliza el término *decaimiento* o *desintegración* cuando el núcleo emite algún tipo de partículas y hay cambio de identidad (cambia el elemento); se utiliza *radiación* en el caso de emisión de partículas o de ondas electromagnéticas. Resumiendo, la radiación emitida por un núcleo atómico puede ser de los siguientes tipos:

- *Desintegración alfa ($\beta$).* El núcleo inestable emite una partícula alfa. Puesto que la partícula alfa está constituida por dos protones y dos neutrones, el átomo perderá dos unidades en *Z* y cuatro unidades en *A*. Eso hará que el átomo pierda su identidad (como ese tipo que se vuelve tarumba por el «apretón») y se convierta en un nuevo elemento con dos protones menos. Por ejemplo, el U-238 se desintegra de forma natural en Th-234 y emite una partícula alfa.
- *Desintegración beta ($\beta$).* Aquí hay, a su vez, dos categorías diferentes: la beta negativa ($\beta^+$) y la beta positiva ($\beta^-$).

  – En la *desintegración beta negativa,* un neutrón se convierte en un protón (se queda en el núcleo) y se emite un electrón y un antineutrino electrónico (estas dos partículas serían la radiación). En este caso también hay cambio de identidad, puesto que el núcleo ha aumentado en una unidad su *Z*, manteniendo *A* intacta. El núcleo del famoso caso del C-14 (carbono) se convierte, mediante un decaimiento beta negativo, en N-14 (nitrógeno). Las plantas contienen de manera natural C-14.
  – En la *desintegración beta positiva* es un protón el que se convierte en neutrón (se queda en el núcleo) y se emite un positrón (antielectrón) y un neutrino electrónico. Vuelve a haber cambio de identidad, puesto que el *Z* ha disminuido, a pesar de que *A* se mantiene constante. Un ejemplo lo tenemos en el K-40 (potasio) que contienen los plátanos, las patatas, las pipas e incluso nosotros mismos. El K-40 se convierte en Ar-40 mediante decaimiento beta positivo.

- *Radiación gamma.* No se emiten partículas, solo se emiten fotones muy energéticos en forma de radiación gamma, que acompaña a los procesos de decaimiento beta al quedar el átomo excitado.

No todos los tipos de radiación entrañan la misma peligrosidad para el ser humano, es un asunto que depende de la intensidad, el tiempo de exposición, la vida media, etc. En general, cuando una radiación es potencialmente nociva, se debe a que estamos ante una *radiación ionizante*, en cuyo caso tiene la capacidad de extraer electrones de la materia con la que interactúa, razón del peligro del que estamos hablando. Por ejemplo, la radiación alfa es muy energética, pero se frena rápidamente al interaccionar con el aire. Por tanto, puede parecer inofensiva, pero ingerida llega a ser letal, según la dosis. Un caso muy sonado fue el del fugitivo ruso de la KGB Aleksandr Litvinenko, que en 2006 fue envenenado con polonio, el primer elemento radiactivo identificado por el matrimonio Curie. En concreto se utilizó el Po-210, un isótopo que está presente, por ejemplo, en el humo del tabaco. Si es usted fumador y no conocía este dato, siento haberle amargado el día. Pero esté tranquilo, la dosis que ingirió Litvinenko acabó con él en tan solo tres semanas, con vómitos, diarreas y caída del pelo, entre otros síntomas. Se trata del «síndrome de radiación aguda». El tabaco no mata en un día ni lo hace siempre, tarda años y actúa de maneras variadas; además de que el polonio no es el único carcinógeno que contiene. Cada uno puede hacer con su vida lo que quiera; sin embargo, en los primeros años del siglo XX, el estudio de los rayos X y de la radiactividad estuvo rodeado de un estado de indefensión temporal, pues no había conciencia de la peligrosidad de los experimentos (aunque algunos científicos dieron la voz de alarma). Hoy podemos controlarlo y podemos elegir. Muchos científicos famosos de la época desarrollaron cánceres, muy posiblemente por la exposición prolongada a las radiaciones. Pero otros muchos tuvieron suerte, a pesar de que seguían procedimientos que hoy serían motivo de cierre inmediato de un laboratorio.

Existe una anécdota interesante respecto a estos peligrosos juegos con la radiactividad. George Hevesy (1885-1966) fue un científico húngaro que vivió en su juventud la eclosión del trabajo con los rayos X y la radiactividad. Entre sus múltiples destinos laborales encontramos una estancia en Manchester, como estudiante de Ernest Rutherford, entre 1911 y 1921. Su mentor estaba muy acostumbrado a trabajar con muestras radiactivas, de hecho su experimento de la lámina de oro se realizó con partículas alfa. Rutherford era consciente de la calidad de su investigación anterior, sobre el comportamiento de sales fundidas, así que le hizo una propuesta:

> Hijo mío, si estás a la altura de tus sales, debes separar el radio D del molesto plomo.

Rutherford le pidió una tarea imposible, puesto que lo que llamaba radio D en realidad era un isótopo radiactivo del plomo (Pb-210), por tanto, inseparables por métodos químicos. El propio Hevesy acabó algo desilusionado ante el intento:

> En aquellos días, yo era un joven entusiasta , así que ataqué de inmediato el problema sugerido, pues estaba convencido de que iba a tener éxito. Sin embargo, a pesar de que hice numerosos intentos para separar el radio D del plomo y de que trabajé durante casi dos años en esta tarea, fracasé completamente. Con el fin de sacar lo mejor de esta situación deprimente, decidí usar el radio D como indicador de plomo, beneficiándose así de la inseparabilidad del radio D del plomo.

Tal vez contado así, con sus palabras, suene un poco extraño y se comprenda solo a medias. Vayamos a la anécdota que prometíamos. Hevesy pasó aquella estancia en Manchester en una pensión al estilo de las residencias de estudiantes, donde comía a diario. Al parecer, la comida que ponía la casera lo dejaba con la mosca detrás de la oreja. Estaba convencido de que reutilizaba las sobras. Por ejemplo, podría ser que las hamburguesas de los lunes se convirtiesen en carne picada para la salsa boloñesa de los martes. Cuentan algunos historiadores que Hevesy se llevó un poco de muestra de radio D y plomo para espolvorearla sobre las hamburguesas sobrantes. Al día siguiente apareció en el comedor con el contador Geiger de su compañero de universidad, un ingenioso dispositivo que podía detectar la radiación alfa. Imaginamos el plato de macarrones a la boloñesa sobre la mesa y ese joven químico pasándole el contador Geiger; parece que el voluminoso aparato comenzó a tronar. Efectivamente, la casera era una experta del reciclaje culinario, además de tener un buen sentido del humor, pues se cuenta que no se enfadó lo más mínimo debido a la originalidad del método empleado por el joven estudiante para averiguar sus prácticas. Hevesy –a quien podríamos dar el título de *primer inspector de seguridad alimentaria*– había inventado los *trazadores radiactivos*. Un átomo de un elemento es sustituido por un átomo radiactivo, de tal manera que podemos seguirle la pista. Cuando este átomo se introduce en una molécula se dice que «la molécula queda marcada». Por eso también reciben el nombre de *marcadores*. Los dos años de investigación de Hevesy no fueron en vano, la inseparabilidad de átomos de un mismo elemento ha acabado teniendo aplicaciones extraordinarias. Podemos seguirle la pista prácticamente a cualquier molécula dentro de un organismo. La anécdota tiene una moraleja: antes de tratar con muestras vivas, probemos con tejidos muertos. En 1923, Hevesy publicó el primer artículo sobre radiotrazadores, usando plomo radiactivo con plantas. El mundo está en deuda con este desconocido húngaro y sus hamburguesas radiactivas, Hevesy es –entre otras cosas– uno de los padres de la medicina nuclear.

En el mismo año en que Hevesy publicaba su artículo sobre radiotrazadores moría Roentgen. Las generaciones de científicos se van dando paso unos a otros. Mientras que, en 1923, Hevesy cumplía 48 años, un excelente científico terminaba su carrera con tan solo 21 años. Se trata del británico Paul Adrien Maurice Dirac (1902-1984), que estudió ingeniería eléctrica y luego matemáticas, aunque desarrollaría su carrera científica como físico teórico. La vida y el legado científico de Dirac merecen ser estudiados a fondo, así que se anima al lector a que indague en tales aspectos. Recibió el premio Nobel de Física en 1933 junto al alemán Erwin Schrödinger «por el descubrimiento de nuevas teorías atómicas productivas», lo cual se refiere al actual modelo cuántico que tenemos del átomo. La timidez de Dirac era legendaria, se cuenta que sus conversaciones no pasaban de ser monosílabos y respuestas de sí-no. Cuando recibió el Nobel pensó en no ir a recogerlo, pues sentía verdadero terror a la notoriedad pública.

Pero un experimentado Rutherford le dijo que el no recogerlo sería peor, todos los medios se harían eco, como en un profético efecto Streisand: la actriz Barbra Streisand se enfadó muchísimo por la publicación de una fotografía aérea de su casa, y denunció el caso, lo cual derivó en que la foto sea fácil de encontrar incluso hoy en día por cualquier rincón de Internet. Cualquier estudiante de Física también encuentra a Dirac disperso por sus apuntes, lo quiera o no. Si estudias mecánica cuántica relativista, te toparás con la ecuación de Dirac, la cual describe el comportamiento de un electrón teniendo en cuenta la mecánica cuántica de Schrödinger y la mecánica relativista de Einstein. Todo un logro teórico que derivó en la predicción de una nueva partícula en 1928 que ya se mencionó arriba: el *positrón*. El positrón es en realidad una antipartícula, en concreto, es un antielectrón. Una antipartícula es una partícula que es igual a otra en todas sus propiedades, excepto en la carga. Por tanto, el positrón no es más que un electrón con carga positiva. ¿Y por qué se llama *antipartícula*? Porque, como si de ciencia ficción se tratase, cuando una partícula se encuentra con su antipartícula, ambas se aniquilan y se convierten en dos fotones, en energía pura y dura. En el caso del par positrón-electrón se generan dos fotones de energía 511 keV (este cálculo se realiza con la famosa fórmula de Einstein). Esta radiación gamma producida por la aniquiliación de dos partículas se puede usar de forma muy parecida al plomo radiactivo de los macarrones de Hevesy. La existencia real de los positrones y, con ella, de la antimateria, fue constatada por el norteamericano Carl David Anderson (1905-1991) en 1932. Esos positrones son los mismos que nosotros emitimos, en poca cantidad, por el decaimiento beta positivo de K-40 que hay en nuestro cuerpo. Este decaimiento venía acompañado de la emisión de otras partículas, en este caso unos esquivos neutrinos que fueron predichos dos años después del positrón por el físico austríaco Wolfgang Ernst Pauli (1900-1958). Una vez más, un científico se basó en las leyes de conservación al ver que un neutrón se desintegraba en un protón y un electrón, pero faltaba energía y momento lineal por algún lado. Hablábamos al principio de Eugene Wigner como uno de los más importantes expertos en el tema de la simetría; se da la circunstancia de que Wigner era hermano de Magrit Wigner, que se convertiría en esposa de Paul Dirac. El fenómeno descrito por Pauli es un decaimiento beta negativo, en el que se emiten antineutrinos; en el decaimiento beta positivo se producen neutrinos. En los dos casos son «electrónicos», pues existen otros tipos de neutrinos. La demostración experimental de la existencia de los neutrinos se hizo de rogar por su baja interacción con la materia, no llegó hasta 1956.

* * *

La mayor fuente cercana de producción de neutrinos la encontramos en el Sol: llegan a la Tierra y la atraviesan por completo. Cuando estuve en Islandia era de día (digo que era de día porque en Islandia prácticamente no se pone el Sol; en verano baja un poco, pero sigue habiendo luz). Se me ocurre que el cartel que dice «Puente entre continentes» es un marcador de la actividad de la Tierra, como los marcadores que podemos utilizar para los sistemas biológicos. Al bajar del puente entre dos continentes no pude evitar tomar aquella oscura arena en mis manos y, haciendo remolinos, me vino a la cabeza la imagen de un extraordinario cuadro de Van Gogh, *La noche estrellada.* Fue así porque asocié la simetría de la brecha a la simetría que en física de partículas llevó al descubrimiento del positrón y el neutrino. Imaginé cómo sería el cielo de noche en ese rift, alejado de la contaminación lumínica. Y allí estaban, todos esos neutrinos provenientes de la supernova 1987A, que los simpáticos editores de *Astronomy Picture of the Day* habían colocado en una reproducción del famoso cuadro del torturado pintor neerlandés.

Igual que muchas personas, los neutrinos pasan por nuestra vida y ni nos damos cuenta. A menudo me pregunto qué ocurriría si uno de los científicos importantes de la historia no hubiese nacido, ¿cómo habrían sido entonces las cosas? Situados de forma retroactiva en el puente «Leif el afortunado» que separa las dos placas tectónicas me viene una respuesta, mientras pienso que es la radiactividad natural del manto y de la corteza terrestre la causante del movimiento de las placas tectónicas y, por ende, la que está provocando una escisión tan grande en el suelo. El puente sobre este valle debe su nombre a Leif Erikson, un aventurero islandés que llegó a América del Norte quinientos años antes que Cristóbal Colón y plantó allí un asentamiento que no prosperó demasiado. Parece que la fama no decidió sonreírle y la historia cuenta el descubrimiento de América de otro modo. ¿Qué habría pasado si Colón no hubiera nacido?, pues lo mismo que si Leif no hubiese nacido, que otro habría llegado a América para unir las dos mitades de este mundo. Siempre llego a la misma conclusión: si algunos de estos grandes científicos no hubiesen existido, se habrían acabado realizando los mismos descubrimientos, aunque tal vez se habría llegado a ellos más tarde y, por supuesto, tendrían otros nombres propios.

# 7
# Celestinas químicas

*Las matemáticas, la geología, la física y ahora la química. En este capítulo vamos a presentar cómo se comenzó a conocer el enlace químico entre átomos, antes de que la propia existencia del átomo fuese aceptada por todos. Se hablará de una molécula en concreto, la glucosa, además del concepto de «enzima». Una molécula de glucosa con una sutil variación y una enzima son las que permiten a los médicos observar ciertas irregularidades en el funcionamiento del cuerpo de sus pacientes. Pero vayamos por partes, porque de eso hablaremos más adelante.*

---

En 2008, el grupo Marie Curie Actions publicó el vídeo *Chemical party*, dirigido por Roderick Fenske. Aunque corrió como la pólvora por los muros de Facebook vamos a recordarlo. En el trabajo se ve a personas en una fiesta, y cada una de ellas lleva un dorsal en el que figura el símbolo de un elemento. Como en todas las fiestas, tienen lugar interacciones entre sus asistentes. Fenske describe en 90 segundos algunas de las reacciones que se producen entre los elementos e, incluso, las moléculas. Por ejemplo, cuando el potasio y el agua se ven, se agreden mutuamente (la reacción es muy violenta). Un carbono grandote y fortachón es rodeado con lascivia por cuatro deseosos hidrógenos (forman metano). Un hidrógeno huérfano separa una pareja de siameses que hacía de dioxígeno. Llaman la atención los gases nobles aburridos por las esquinas («ligas menos que un gas noble») o la forma en que un cinc le levanta la pareja a un hidrógeno *pagafantas* que bailaba sin mucho convencimiento unido a un cloro. La verdad es que el vídeo está conseguido (aunque tiene algunas incorrecciones estequiométricas que pueden dejarse pasar) y la música parece que se ha elegido a posta. Se trata del tema *Fledermaus Can't Get It* de Von Südenfed (una colaboración temporal entre tres artistas), con una melodía pegadiza e ideal para una fiesta en la que suceden cosas de todo tipo. Lo mejor es la letra, ya que se trata de un estribillo que se repite hasta la saciedad: «No puedo conseguirlo ahora, / no puedo conseguirlo ahora, / pero puedo conseguirlo». Es la base de las reacciones químicas que ocurren en la materia orgánica. En este sentido me viene a la memoria otra canción, menos marchosa, del cantautor sevillano Alfonso del Valle. Se trata del tema *Enzimas y hormonas*, pero de esto hablaremos un poco más adelante.

* * *

En los albores del siglo XX aún se debatía sobre la existencia real del átomo, sin embargo ya se comenzó a desarrollar una sólida teoría que nos daría un entendimiento pleno sobre el enlace químico. El químico-físico norteamericano creador de la palabra *fotón*, Gilbert Newton Lewis, fue propuesto treinta y cinco veces al premio Nobel. No lo obtuvo en ninguna ocasión, lo cual se considera una injusticia con una persona que ha dejado un legado científico incalculable. Es posible que a usted le suenen el «diagrama de Lewis» o la «regla del octeto». Tienen su fundamento en las ideas desarrolladas por él en torno al enlace químico. En 1923 publicó una de sus obras capitales, *La valencia y la estructura de átomos y moléculas*, con ideas que se remontan a 1902. En líneas generales, Lewis introdujo en el mundo científico la importancia del papel que juegan los electrones en el enlace químico. Y así es, tanto para formar moléculas como para las uniones entre ellas, los electrones son un factor fundamental. Lo mismo ocurre con las redes cristalinas. Obviamente, las ideas de Lewis se han mejorado con el paso del tiempo, pero el trasfondo es el mismo: la física de los electrones como sustento de la química del enlace químico y, por ende, de las reacciones químicas.

Hay muchas reacciones químicas y estas se pueden clasificar de distintos modos. De forma cualitativa, una reacción química puede verse como el fenómeno en que uno o varios enlaces químicos se rompen para formar uno o varios enlaces químicos nuevos. En el caso del vídeo, cuando el ácido clorhídrico (HCl) es atacado por el cinc (Zn), este último «desplaza» al hidrógeno para unirse con el hidrógeno y formar cloruro de cinc ($ZnCl_2$) y dihidrógeno ($H_2$). Es decir, se ha roto el enlace entre el hidrógeno y el cloro para formar varios enlaces nuevos, dos enlaces de cloro con cinc y un enlace entre dos átomos de hidrógeno. Las reacciones químicas (destrucción-formación de enlaces) pueden darse de manera natural o necesitar de un catalizador que la propicie. Un *catalizador* es una sustancia espectadora que hace que una reacción química entre dos o más sustancias químicas se dé, o simplemente se desarrolle con mayor velocidad. Un catalizador también puede dividir una sustancia en dos o varias. Los catalizadores no toman parte en la reacción propiamente dicha. Para hacernos una idea: imaginemos que estamos un día en el sofá de casa, tras una siesta reparadora, con los ojos entreabiertos. Tenemos muchas cosas que hacer, pero no podemos levantarnos porque aún estamos adormilados. Nos debatimos entre levantarnos o no y, en condiciones normales, tardaríamos unos veinte minutos en ponernos en marcha, pero en ese momento el hijo del vecino comienza a llorar como un desalmado a la par que el padre grita como si no hubiese un mañana. Entonces, sin esperar más, nos levantamos y acabamos acometiendo nuestras tareas pendientes incluso antes de lo habitual. El vecino no forma parte de la relación entre nosotros mismos y nuestras tareas, sino que es un factor externo que ha conseguido ponernos en marcha. El vecino es el catalizador, y otras cosas que aquí no deben ser mencionadas. El caso contrario al catalizador es un inhibidor, como esa ocasión en la que uno va circulando a 120 km/h por el carril izquierdo (velocidad máxima de la vía, dato importante) y está a punto de volver a la derecha cuando un Ferrari aparece como una pegatina en nuestro maletero, ejerciendo presión, y sin saber cómo uno se lo toma con calma y cambia de carril con una parsimonia exasperante. El conductor del Ferrari es el inhibidor, y otras cosas que aquí no deben ser mencionadas.

Las reacciones químicas no solo se dan en la materia inerte, son la base de nuestro propio funcionamiento y de los sistemas vivos en general. Los catalizadores biológicos o biocatalizadores reciben el nombre de *enzimas*, un tipo especial de proteínas. Fue el polifacético René Antoine Ferchault de Réaumur (1683-1757) quien primero observó que en el estómago ocurrían reacciones químicas durante la digestión de la carne. Réaumur es conocido por la escala de temperatura octogesimal, que lleva su nombre y que hoy ha caído en desuso. De alguna manera, las observaciones descritas por este francés en 1752 son el primer indicio de la existencia de las enzimas. Y lo hizo antes de que existiese el propio concepto de *catálisis,* pues lo introduciría la química escocesa Elizabeth Fullhame. En 1794 publicó un libro en el que detallaba cómo algunas oxidaciones se producían únicamente en presencia de agua (hacía de catalizador). Con frecuencia, la descripción de la catálisis se atribuye a Berzelius; aunque sea verdad que el sueco acuñó el término en 1835, no fue el primero en observar este tipo de reacciones. Volviendo a Réaumur y siendo honestos, no supo explicar el mecanismo de la digestión del estómago. Lo mismo ocurría con las observaciones de la conversión de almidón en azúcar con la ayuda de la saliva y de sustancias provenientes de plantas. En esta línea, la diastasa fue la primera enzima descubierta, un hallazgo realizado por los químicos franceses Anselme Payen (1795-1878) y Jean-François Persoz (1805-1868) en 1833. La enzima diastasa cataliza la reacción que divide almidón en dextrina y luego en glucosa. No obstante fue el fisiólogo alemán Friedrich Wilhelm Kühne (1837-1900) quien acuñaría el término *enzima* (del griego ενζυμον, 'en levadura') más de cuarenta años después.

La historia de las enzimas está muy ligada a la historia del azúcar. A veces se confunde el descubrimiento de la caña de azúcar con la elaboración de azúcar. Hay una marcada diferencia entre chupar una caña dulce y cristalizar azúcar, como hay un abismo entre darle un bocado en la pata trasera a un cerdo en una pocilga y saborear una loncha de jamón serrano curado de Huelva. Parece que el origen de la caña de azúcar está en la India y en China, mientras que las primeras noticias de ella en Occidente se las debemos a un almirante de Alejandro Magno (356-323 a. C.). Este dato lo conocemos gracias al libro XV de la serie *Geografía* de Estrabón: «Existe una clase de caña que produce miel sin intervención de las abejas». Muchos otros autores antiguos hablarán de forma habitual de esta caña; sin embargo, este *saccharon* usado por Plinio el Viejo («maná de bambú») no es el azúcar blanco que echamos cada mañana a nuestro café, sino el jugo que puede extraerse directamente de la caña. Los antiguos no conocieron el azúcar refinado, aunque estuvieron muy cerca de hacerlo. La caña de azúcar tardaría unos mil trescientos años en llegar a España. Desde el neolítico, en Europa se utilizaba miel para endulzar los alimentos, ¿por qué usar otro producto nuevo? Como cabía esperar, fueron los árabes los que plantaron en el sur y en el Mediterráneo español las primeras cañas de azúcar. Hoy, en Salobreña (Granada), existe la única fábrica de elaboración de azúcar a partir de caña en toda Europa, una empresa que también produce diferentes alcoholes. No obstante, la mayoría del azúcar que llega a su mesa proviene de la remolacha azucarera. En el caso de la remolacha, fue Marggraf (el descubridor del ácido fluorhídrico) quien descubrió que contenía azúcar (1747) y describió la primera extracción de esta mediante alcohol. Por otra parte, el dato más antiguo sobre el azúcar elaborado se sitúa en la Persia del siglo VII, pero no comienza a estar en las mesas europeas de los privilegiados hasta el siglo XVI; a partir del siglo XIX ya es de uso común para todas las clases sociales (en Inglaterra, a partir del siglo XVIII). ¿Qué tiene de especial el azúcar? Evidentemente, el dulzor.

La historia del dulzor no es la historia del azúcar. El ser humano ha ido encontrando sustancias dulces en gran cantidad de plantas. Sí es verdad que la miel, la caña y la remolacha tienen un denominador común: la molécula que, proporciona el sabor dulce es la glucosa. Pero también sabrá que en el caso de las frutas, es la fructosa la encargada de este sabor. Nuestro cerebro está programado de serie para poder captar con rapidez esa sensación cuando una sustancia dulce roza nuestra lengua. Si esto es así, es por algo. Necesitamos la glucosa para poder realizar distintas rutas metabólicas, pero no es necesario que entre como azúcar refinado. Nosotros mismos podemos obtener la glucosa de otras células con las enzimas adecuadas. La celulosa, por ejemplo, podría descomponerse en muchas moléculas de glucosa con la enzima celulasa. Pero nosotros no la producimos, así que no se le ocurra comerse la propaganda del supermercado si le da una bajada de azúcar. No es necesario insistir en que un exceso de consumo de azúcar refinado produce problemas de todo tipo. Soy consciente de ello pero, ¿para qué voy a engañar a nadie?, me gusta el azúcar y soy incapaz de tomar té amargo, no digamos ya el yogurt natural. Hay alternativas a la glucosa que no cumplen la misma función en el organismo, engañamos a nuestra descerebrada lengua. Y lo que más gracia hace es que las alternativas son el producto de una falta de seguridad en un laboratorio que cortaría el grifo de las subvenciones de un golpe. Constantine Fahlberg (1850-1910) notó en una cena que sus manos estaban algo dulces. Al parecer había estado jugueteando en el laboratorio con el aminoácido orto-sulfobenzoico. Una casualidad le había llevado a sintetizar la sacarina por primera vez, en 1879. Fahlberg no solo fue un poco cochino por no lavarse las manos antes de cenar, resulta que el estudiante patentó la sustancia y se hizo rico, sin citar a su mentor Ira Remsen (1846-1927). Se comprende que el profesor no se lo perdonase nunca.

Volvamos a la glucosa. La importancia de esta molécula es de carácter vital para el ser humano: sin glucosa no podemos vivir. La glucólisis es la ruta metabólica por la cual la célula obtiene energía a partir de la glucosa. El proceso de la glucólisis es realmente complejo y comporta varias etapas, comprenderlo llevó más de un siglo desde que se supo algo de su existencia. Tal vez una de las investigaciones más importantes al respecto está en el estudio de la fermentación del vino que realizó Louis Pasteur (1822-1895), a la vista de que algunos caldos perdían calidad. En torno al año 1850 fue pionero en el estudio de la fermentación, es decir, el consumo de la glucosa de las uvas por parte de microorganismos. La fermentación se produce de forma anaerobia (sin el concurso del oxígeno) y con ella se producen alcohol y otras sustancias. El conocimiento de la fermentación alcohólica abrió las vías para el entendimiento de la glucólisis. El químico alemán Eduard Buchner (1860-1917) dio un paso más a finales del siglo XIX al advertir que la conversión de glucosa a etanol se podía conseguir con extractos inertes de levadura; hoy sabemos que se debía a la acción de nuestras amigas las enzimas. En 1905, Arthur Harden (1865-1940) y William Young (1878-1942) arrojaron más información al asunto, demostrando la importancia de la actividad enzimática. La baldosa definitiva del camino hacia la comprensión de la glucólisis la puso el fisiólogo alemán Otto Fritz Meyerhof (1884-1951). Fue capaz de extraer un conjunto de enzimas glucolíticas que lo llevó, junto a su colega Gustav Georg Embden (1874-1933), a realizar una detallada descripción de la glucólisis en torno al año 1930. Este grupo de enzimas descubierto por Meyerhof son las *hexoquinasas*. El prefijo *hexo-* indica que puede actuar sobre cualquier hexosa, que son monosacáridos de seis carbonos (las hexosas más importantes son la glucosa, galactosa y fructosa). El término *quinasa* fue acuñado por el propio Meyerhof en 1927, cuando investigaba el metabolismo muscular.

La glucólisis tiene lugar en el citosol, en dos etapas diferenciadas: una de gasto energético (consumo de dos moléculas de ATP) y otra de beneficio energético (producción de cuatro moléculas de ATP). Estudiar todos los pasos de la glucólisis tomaría bastante tiempo, así que veamos a modo de ejemplo solo la primera fase. En ella se produce la fosforilación de la glucosa, es decir, la incorporación de un grupo fosfato en la molécula de glucosa. Es la enzima hexoquinasa la que propicia la captación del grupo fosfato de una molécula de ATP (adenosín trifosfato), convirtiéndola en una molécula de ADP (adenosín difosfato). La glucosa fosforilada se ha convertido en glucosa-6-fosfato (la fosforilación se produce en el carbono 6), también llamada *G6P*. Con esta incorporación se ha elevado el contenido energético de la glucosa (básicamente por los electrones del fosfato) y se ha transformado en G6P que no puede escapar fuera de la célula porque no existen transportadores que la dejen cruzar la membrana celular. De este modo, la célula evita la pérdida energética. A partir de aquí sigue una cadena de otras nueve reacciones enzimáticas que puede tener varios objetivos. Uno de ellos es el uso del piruvato producido para la respiración mitocondrial. En el fondo, todo es un transporte de electrones.

La glucosa puede usarse para sintetizar glucógeno, mediante la glucogenogénesis y con la intervención de, cómo no, una enzima: la glucógeno sintasa. El proceso opuesto es la glucogenólisis, es decir, la obtención de glucosa a partir del glucógeno. Y, por supuesto, este proceso lo inicia una enzima, la enzima glucógeno fosforilasa. El glucógeno es fundamental en nuestro organismo, es una reserva energética en forma de polisacárido, constituida por moléculas de glucosa.

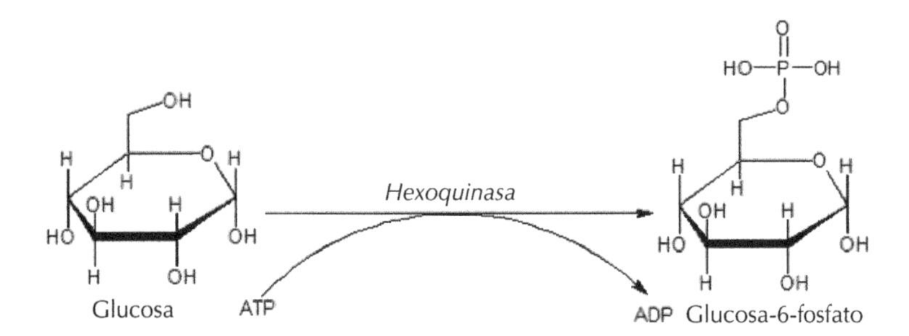


**Figura 5.** Fosforilación de la glucosa a G6P por mediación de hexoquinasa.

* * *

Las reacciones químicas en nuestra propia naturaleza son muy importantes y no podemos obviarlas. Hemos visto que muchas reacciones químicas no se dan sin la intervención de sustancias catalizadoras, enzimas en el caso de la materia orgánica. Al principio de esta nota a pie de página mancionamos un tema de Alfonso del Valle, *Enzimas y hormonas*. Sin ser biólogo, el cantautor describe muy bien la finalidad de ambos tipos de sustancias. «La hormona es la mensajera», así la hormona insulina aumenta la permeabilidad de la membrana celular para facilitar la entrada de la glucosa.

Por otra parte, se producirá glucagón ante una bajada de glucosa, una hormona que favorece la activación de la enzima glucógeno fosforilasa. Por cierto, cuando un diabético tiene una bajada de azúcar no se inyecta azúcar, sino glucagón.

El comienzo del tema de Alfonso del Valle es muy educativo y puede servir para una clase de química o de biología (donde dice *elementos* debería decir *compuestos*):

> La enzima es una proteína
> que hace que otros elementos
> se junten de momento.
> Ella es su celestina
> y ellos tan contentos.

Así es, las enzimas hacen de celestina, provocan reacciones que de otro modo no se producirían o aceleran las que tardarían demasiado. No solo los catalizadores unen, también separan (la lactasa, por ejemplo, convierte la lactosa en glucosa y galactosa), por lo que pueden ser, a su vez, *anticelestinas*. Hay más de una versión del vídeo de la fiesta de los átomos del que hablábamos al principio. En una de ellas aparece una feliz pareja formada por la señora cloro y el señor sodio, pero irrumpe en escena un catalizador particular, un electrocatalizador que los separa con muy mala saña. En nuestra naturaleza química estamos rodeados de celestinas, pero también de *anticelestinas*. Hemos hablado de azúcar, así que no tenemos más remedio que subirnos la glucemia con un final empalagoso. En la imperecedera obra de Fernando de Rojas, Sempronio anima a Calisto ante su impaciencia por obtener los amores de Melibea:

> Yo te lo diré. Días ha grandes que conozco en fin de esta vecindad una vieja barbuda que se dice Celestina, hechicera, astuta, sagaz en cuantas maldades hay. Entiendo que pasan de cinco mil virgos los que se han hecho y deshecho por su autoridad en esta ciudad. A las duras peñas promoverá y provocará a lujuria, si quiere.

# 8
# Sigue el camino de baldosas amarillas

Partículas, átomos, moléculas y células. Estos serían los elementos de la estructura de los seres vivos ordenados de menor a mayor. En este capítulo hablaremos de cómo la misma persona que investigaba con muelles descubrió las células, es decir, de Robert Hooke. Curiosamente, reaparece el botánico que dio pie a la demostración de la existencia del átomo, Robert Brown. Teniendo en cuenta que Hooke trabajó para Robert Boyle, podríamos haber titulado esta historia como *Los tres Robertos.* El conocimiento profundo de las células ha permitido al ser humano conocer bastante a fondo cómo se comporta una célula cancerosa. Los tratamientos médicos efectivos van encaminados siempre a alguno de estos conocimientos científicos que se han obtenido gracias a la biología.

---

Algunas veces me detengo a escuchar *jazz* o *blues.* Hoy, mientras escribo estas líneas, el hilo musical lo pone Ruth Lee Jones. Tal vez con ese nombre no le suene, si le gustan estos géneros será suficiente con que le diga que Ruth es «La reina del *blues*». Se trata de Dinah Washington y su inconfundible voz metálica. Oigo uno de sus inmortales temas, *What a Difference a Day Makes?* Me gusta la traducción: «¿Qué puede cambiar un día?». Hay jornadas que se están desarrollando de un modo y, de pronto, te ves envuelto en multitud de sucesos inesperados. O incluso hay días que te cambian toda una vida, en «veinticuatro horitas de nada», como diría *la reina.* Eso fue lo que le pasó, por ejemplo, a la huérfana

Dorothy, la protagonista de la clásica película *El mago de Oz* (a su vez basada en el libro *El maravilloso mago de Oz,* de L. F. Braum, publicado en 1900). En esta historia acaban pasando todo tipo de sucesos fantásticos. Todo comienza cuando su perro Totó muerde a la vecina y, tras escaparse de casa, el asunto se acaba enredando hasta el punto de que Dorothy conoce a un espantapájaros sin cerebro, un león cobarde y un hombre de hojalata sin corazón. Un despropósito. El personaje de Dorothy es encarnado por una simpática Judy Garland que, alegre, sigue el camino de las baldosas amarillas, tal como le indicó Glinda, la Bruja Buena del Sur.

* * *

La vida en Londres cambió de manera abrupta el día 2 de septiembre de 1666, cuando se desató un incendio en una panadería, en Pudding Lane. El incendio se fue propagando de casa en casa hasta el 5 de septiembre, destruyó más de trece mil viviendas y dejó sin hogar a ochenta mil personas. ¿Qué puede cambiar un día? En este caso, se cree que el fuego pudo originarse debido a un descuido: alguien olvidó apagar el horno del pan por la noche. La ciudad quedó verdaderamente derruida y arquitectos y técnicos de todo tipo se tuvieron que poner manos a la obra para reconstruirla, esta vez con material menos inflamable. Uno de los elegidos para la tarea fue el físico Robert Hooke (1635-1703) que, junto a su colega Christopher Wren (1632-1723), llevó varias tareas de reconstrucción. Cerca del famoso puente de Londres hay una columna de unos 60 metros, se trata del *Monumento al Gran Incendio de Londres,* dirigido por estos dos científicos. Se puede subir por una escalera de caracol hasta la cima para contemplar la vista desde la que fue, durante un tiempo, la columna más alta del mundo. Se cuenta que Hooke tenía en mente la construcción de la columna para sus experimentos sobre la gravedad, sin embargo, no hay referencias fiables al respecto. Lo que está más que registrado es que un año antes del incendio publicó un libro que cambiaría las ciencias de la vida para siempre. En este libro ya se sugería la existencia de una fuerza universal, una idea que desarrolló espistolarmente con Newton: la composición del movimiento planetario a partir de sucesivos movimientos rectilíneos tangentes a las curvas descritas y –lo más revelador– una fuerza atractiva dirigida hacia el centro del cuerpo central. La controversia entre ambos miembros de la Royal Society duró toda la vida, con épocas peores y épocas menos malas. Hooke propuso la idea de fuerzas a distancias y de la ley del inverso del cuadrado de la distancia que aparece en los *Principia* de Newton, pero este último borró toda referencia al primero. Una frase famosa es la que aparece en una carta que envió Newton a Hooke diez años después del gran incendio, en torno a una polémica sobre la óptica y Descartes: «Si he visto más lejos es porque estoy sentado sobre los hombros de gigantes». Llama la atención que la frase no es suya, es de Bernardo de Chartres, como apuntó su alumno Juan de Salisbury en *Metalogicon*:

> Decía Bernardo de Chartres que somos como enanos a los hombros de gigantes. Podemos ver más, y más lejos que ellos, no por la agudeza de nuestra vista ni por la altura de nuestro cuerpo, sino porque somos levantados por su gran altura.

Newton le decía más o menos a Hooke que era un enano. Con educación británica, eso sí. La carta se escribió a petición de la Royal Society para limpiar un poco la penosa imagen que daban los dos y se convirtió en otro capítulo de una historia que bien podría servir de guion para una serie televisiva. Tal vez por ser Hooke tan enano fue el primero en ver una célula.

Robert Hooke comenzó su carrera como asistente de un tocayo suyo, Robert Boyle. El honorable Robert Boyle necesitó de amanuenses y asistentes gran parte de su vida, debido a sus problemas de visión. Hooke venía precisamente de asistir durante un corto periodo a Thomas Willis y, junto a Boyle, se convirtió en un experto en el terreno de la experimentación. Llegó a cultivar un talento especial a la hora de construir todo tipo de aparatos. La bomba de vacío que hizo famoso a Boyle fue desarrollada por su asistente. Boyle estudió el «resorte» del aire, es decir, el estudio del comportamiento elástico del aire ante las presiones, tanto positivas como negativas (si alguna vez el sistema automático del boquerel de un dispensador de gasolina le ha salvado de acabar embadurnado de carburante, dé las gracias a la ley de Boyle y al resorte del aire). La palabra *resorte* aparece en los estudios de su asistente sobre la elasticidad de los muelles, es decir, los resortes (la ley de Hooke). La pericia de Hooke con los instrumentos llegó a tal grado que perfeccionó el microscopio hasta límites que no se conocían en la época. Con los resultados de sus observaciones, en 1665 publicó el libro al que hacíamos referencia un poco más arriba, el *Micrographia*. En esta obra, Hooke acuñó el término *célula*, al observar con su instrumento una estructura en el corcho similar a las celdillas de un panel de abejas. Todo lo que pudo hacer fue observar células sin vida, así que no estuvo a su alcance desentrañar el interior. No obstante, parafraseando a Dina Washington, ¿qué puede cambiar un día en la historia de la vida? La publicación del libro *Micrographia* del manitas Robert Hooke.

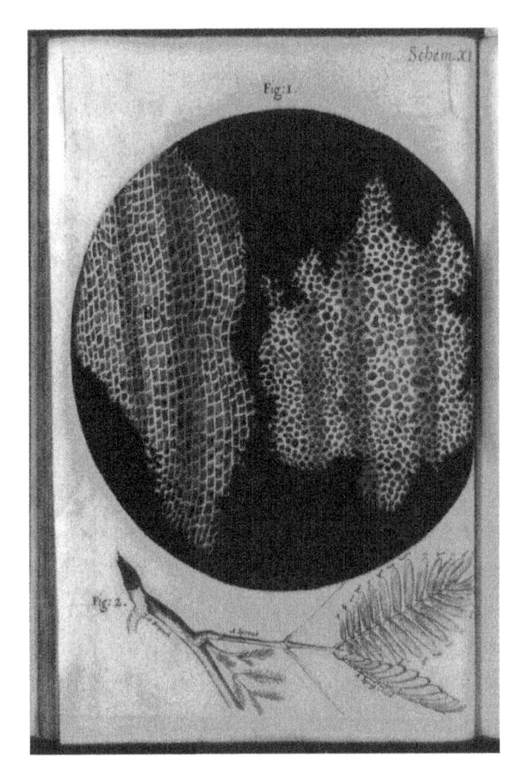

**Figura 6.** Células de corcho vistas al microscopio por Hooke. Incluida en *Micrographia* (1665). (commons.wikimedia.org/wiki/File:Robert_Hooke,_Micrographia,_cork._Wellcome_M0010579.jpg)

Como cualquier descubrimiento científico, la historia del estudio de la célula está escrita con multitud de nombres propios. Pero demos un salto a la década de 1830, que es cuando se comienza a dilucidar la actual teoría celular. Fueron Theodor Schwann (1810-1882) y Matthias Schleiden (1804-1881) quienes señalaron las células como unidades morfológicas de la vida, algo así como los átomos de la materia animada. En 1855, Rudolf Virchow (1821-1902) dio un paso importante al indicar (basándose en los trabajos de Robert Remak) que las células vienen de otras células, por lo que acuñó una expresión muy popular entre los biólogos: *Omnis cellula ex cellula.* A la par que Schwann y Schleiden construían los cimientos de la teoría celular, Robert Brown descubría el núcleo de la célula, en 1831. Sí, es el Robert Brown del movimiento browniano, el mismo que observó que los granos de polen se movían sin razón aparente y cuyo trabajo acabó significando una prueba para la existencia del átomo. El testigo en el estudio del núcleo celular lo recogió Walther Flemming (1843-1905), quien, parafraseando a Virchow, escribió: *Omnis nucleus ex nucleus.* Flemming realizó uno de los descubrimientos más importantes de la biología celular: la división celular. En concreto introdujo el término *mitosis*, una etapa de la división celular donde hay reparto de la dotación genética. No conocía los trabajos de Mendel, así que no supo identificar cómo las cromátidas hermanas de un cromosoma se dividen en dos para repartirse en los núcleos hijos. La publicación de sus conclusiones en 1878 fue otro de esos sucesos que cambian el devenir de la ciencia. Volviendo a Virchow, habría que decir que contribuyó de diversas maneras a la ciencia. No debe ser recordado por una frase pegadiza y que bien podría ser el lema de una crema antiarrugas milagrosa. Por ejemplo, los métodos modernos usados en las autopsias se basan en los sistemáticos procedimientos utilizados en su día por Virchow, a pesar de que los orígenes datan del antiguo Egipto. De entre todas sus aportaciones siempre es fascinante la anomalía que fue capaz de detectar en algunas muestras de sangre humana. En 1845 observó un aumento excesivo en el número de glóbulos blancos de un paciente y caracterizó una enfermedad que Alfred-Armand-Louis-Marie

Velpeau (1795-1867) ya había descrito parcialmente en 1827. Usó un término alemán para ella: *leukämie* (del griego, *leukos* [λευκός], que significa «blanco», y *haima* [αἷμα], que significa «sangre»). Creo que el lector ya se lo habrá imaginado, estamos hablando de la leucemia, un cáncer hematológico de la médula ósea. Desde entonces se han detectado diversos tipos de leucemias y además hoy se conocen unos doscientos tipos diferentes de cáncer.

El cáncer, por desgracia, ha estado con nosotros durante toda la historia de la humanidad. Hay incluso referencias en papiros egipcios del siglo XVI a. C. Fue Hipócrates quien utilizó por primera vez la palabra *cáncer*; proviene del griego *karkinos* (καρκίνος), es decir, «cangrejo». Parece ser que observó un crecimiento anormal en un espécimen de cangrejo. Sí, el cáncer no diferencia especies, una idea extendida entre los excesivos amantes de lo natural es que el cáncer es un invento del ser humano en la sociedad actual en la que vivimos. Y sí, los cánceres han aparecido en todas las especies, a todas las edades y durante toda la historia de la vida (al menos, pluricelular). Tuve un perro de raza Cocker llamado Lorca que murió a consecuencia de un tumor en un labio, así que sé de qué le hablo. Dejó de comer y poco a poco se fue a pique. Según el horóscopo chino, las personas nacidas bajo el signo del perro son leales y altruistas. Así me gusta ver a todos esos héroes que han estudiado para nosotros el desarrollo de este conjunto de enfermedades. Por cierto, una de las maldiciones que uno tiene desde la infancia es recordar cuál es su signo del zodiaco (el mío es capricornio) y otra aún peor es recordar los símbolos de todos estos horóscopos (conozco ancianos que recuerdan la lista de los reyes godos, creo que eso es peor). Considero una pena y me compadezco a mí mismo por el hecho de que, a veces, olvido algunos aspectos importantes del modelo estándar de física de partículas y, en cambio, no puedo borrarme de la cabeza que el animal representante del signo de cáncer es el cangrejo.

La descripción de Flemming de la división celular tiene mucho que ver con el cáncer, así como una molécula de la que se habló en nuestro capítulo o «nota a pie de página» anterior, la glucosa. En líneas generales, un cáncer consiste en un conjunto de células que han sufrido una mutación (por la razón que sea) y se dividen sin control. Se da la circunstancia de que estas células sufren un gran desajuste en su metabolismo, de modo que su consumo de glucosa es realmente desproporcionado. La glucosa es necesaria para la vida de la célula por varios motivos y estos son diferentes dependiendo del tipo de organismo (las células vegetales no realizan un consumo de glucosa idéntico a las animales, ni a las bacterias, por ejemplo), incluso dentro de un organismo cada célula utiliza los recursos de distinto modo (una célula de la epidermis no ingresa en su citoplasma la misma cantidad de glucosa que la célula del tejido muscular de un bíceps). En concreto, una célula que se divide consume más glucosa que una que no lo hace. Ha llovido mucho desde la hipótesis de Warburg en 1924, pero se puede entender algo más sobre el cáncer a nivel divulgativo. El fisiólogo alemán Otto Heinrich Warburg (1883-1970) supuso que el cáncer estaba causado por un daño en las mitocondrias. Hoy sabemos que esta no es la causa, pero también sabemos que en las células cancerosas ocurre un problema con el metabolismo mitocondrial. De hecho, en este tipo de células se produce una glucólisis anaerobia (en ausencia de oxígeno) que da lugar a ácido láctico, mientras que, por lo general, en las células sanas se produce una glucólisis aerobia (ciclo de Krebs, en presencia de oxígeno) en las mitocondrias. Por desgracia, el cáncer puede afectar a cualquier tejido y a cualquier tipo de células. Uno de los más temidos es el cáncer cerebral, que ataca a células del tejido nervioso. De entre los distintos tipos de cánceres que afectan al sistema nervioso central y periférico, los más extendidos son los gliomas. Estos afectan a las células gliales, descubiertas por el premio Nobel español Santiago Ramón y Cajal.

* * *

Las enfermedades de índole neuronal son un mundo aún por descubrir, si bien hemos avanzado a pasos agigantados. Y estos estudios han derivado, en ocasiones, en el hallazgo de formas de controlar el sistema nervioso central. Tal es el caso de los barbitúricos, que tienen un espectro muy variado de aplicaciones, desde la anestesia hasta el hipnotismo. Uno de los alumnos de Robert Bunsen (pionero de la espectroscopia) fue el químico alemán Adolf von Baeyer (1835-1917), la persona que sintetizó el índigo, un elemento usado posiblemente para tintar los pantalones vaqueros que lleva puestos. También descubrió Baeyer la fenolftaleína, un compuesto con el que a los alumnos adolescentes les gusta experimentar por su cambio repentino de color ante cambios de pH: se torna incoloro en la reacción con sustancias fuertemente ácidas y rosa al reaccionar con sustancias fuertemente básicas. Los alumnos que no se han sorprendido con el cambio de color del jugo de remolacha (la del azúcar), se sorprenden cuando tienen en las manos una sustancia química que se usa para pruebas forenses en delitos de sangre. Volviendo a los barbitúricos, Baeyer descubrió el ácido barbitúrico en 1864, así que podemos llamar a este compuesto *el abuelo de los barbitúricos*. Desde entonces, la familia no ha hecho más que crecer y, aunque tengan mala prensa, sus aplicaciones y usos pueden ser muy fructíferos. Sin ir más lejos, el propio ácido barbitúrico se usa para sintetizar riboflavina, es decir, vitamina B2, y gracias a eso las personas con carencia de esta vitamina pueden consumirla. Un barbitúrico que en su momento se hizo muy conocido es el secobarbital o seconal, sintetizado en 1934. A pesar de ser apropiado en casos de ansiedad, también ha hecho las veces de verdugo de personas que no querían seguir viviendo y recurrieron a él para quitarse la vida. Dinah Washington, *la reina del blues*, fue encontrada muerta con 39 años; en su sangre había más del doble de la dosis aconsejada de secobarbital y de otro barbitúrico. Su *¿Qué puede cambiar un día?* nos parece una extraña predicción, un día lo puede cambiar una simple molécula o una célula que se vuelve loca. No puedo dejar de acordarme de Judy Garland, la actriz que daba vida a Dorothy en *El mago de Oz*. Cuando era una niña que caminaba sobre ese camino de baldosas amarillas no podía imaginar que acabaría con su vida tomando seconal. Baldosas que curiosamente recuerdan a las células vegetales de Hooke, un gran científico que fue algo así como la Bruja Buena del Sur (de hecho, nació en Freshwater, en la Isla de Wight, al sur de Inglaterra). Esa imagen de las baldosas siempre me ha parecido poética, y es que la poesía está más cercana a la ciencia de lo que parece. La poetisa Alejandra Pizarnik fue otra de las personas que sucumbieron bajo las garras de una dosis excesiva de secobarbital, nada menos que cincuenta pastillas. Gracias a los avances tecnológicos y a la creatividad hemos podido mirar dentro de la materia viva para ver de qué estamos formados. Mirar, mirar de muchos modos, la tecnología nos ha permitido mirar desde distintas perspectivas, con microscopios, espectógrafos, etc. Y es que la perspectiva puede cambiar el mundo. Pero el acto de la observación debe seguirse de una interpretación razonada, descubrir, dar forma; no hay medios malos, hay malos observadores. Mirar el mundo, mirar hasta que duela, como diría Alejandra Pizarnik:

> Una mirada desde la alcantarilla
> puede ser una visión del mundo
> la rebelión consiste en mirar una rosa
> hasta pulverizarse los ojos.

# 9
# Todos duermen

*Vamos llegando al final de los diez primeros capítulos siguiendo una secuencia con lógica interna. Las matemáticas son la base de todas las ciencias; gracias a ella, los físicos y químicos pudieron demostrar, por ejemplo, la existencia de los átomos. Los átomos sufren desintegraciones y sus núcleos pueden generar reacciones que estudian los físicos. Estos átomos no se habrían podido estudiar sin la intervención de los geólogos. Uniendo átomos tenemos moléculas estudiadas por los químicos. Los biólogos estudian la célula y su funcionamiento. Sin embargo, todas estas disciplinas se mezclan y no tiene sentido que un biólogo no sepa química o que un químico no use las matemáticas. En este capítulo damos un salto más, entramos directamente en la medicina, en concreto en las disciplinas de la neurología y la psiquiatría, para estudiar algo sobre el descubrimiento de enfermedades tan terribles como el Alzheimer y el Parkinson. Todas las disciplinas citadas anteriormente podrán, en algún futuro, terminar con estas dolencias.*

---

No soy especial; de eso estoy seguro. Soy un hombre corriente, con pensamientos corrientes, que ha llevado una vida corriente. No me dedicarán ningún monumento y mi nombre pronto pasará al olvido, pero he amado a otra persona con toda el alma, y eso, para mí, es más que suficiente. Para los románticos, esta será una historia de amor; para los escépticos, una tragedia.

Una de las películas más lacrimógenas de la historia es *El diario de Noa.* Si usted no ha leído el libro, le sugiero que lo haga, el negro sobre blanco permite gestionar las lágrimas de otra manera. Otra cinta para adictos a los nudos en la garganta es *Despertares,* basada en el libro de título homónimo del neurólogo Oliver Sacks. En él, cuenta su experiencia con una serie de pacientes que sobrevivieron a la epidemia de encefalitis letárgica entre 1917 y 1928. Todas estas personas estaban en estado catatónico, pero respondían a algunos estímulos tales como la música. Sacks estaba convencido de que, en el interior de los ojos que miraba, podía ver personas que querían salir de su letargo. En 1969 experimentó con un fármaco que le ofreció algunas esperanzas, al menos provisionales. Oliver Sacks tenía una colcha en su cama con la tabla periódica, en ella se podía leer: «Durmiendo bajo los elementos». El amor por los elementos químicos lo perseguiría toda su vida, igual que el amor por la física, las plantas, la biología y por el propio ser humano. Sabía que la esencia de los medicamentos estaba en la unión de los átomos. Tanto en su libro *Despertares* como en el resto de su obra muestra una humanidad extraordinaria. La película hace justicia con el comportamiento que parece que tuvo respecto a sus pacientes. Robin Williams encarna a Sacks, bajo el nombre de Malcom Sayer. A decir verdad, la apariencia del doctor Sayer no escapa al estereotipo del científico despistado y sumido en sus pensamientos; sin embargo, si ha visto alguna vez una entrevista a Sacks, verá que no se aleja de la realidad. Oliver Sacks falleció con 82 años, en 2015, así que por Internet pueden encontrarse algunas de sus entrevistas. Volviendo a la película, uno de los pacientes ante los que el doctor Sayer muestra más sensibilidad es Leonard Lowe. Se pone literalmente la piel de gallina con la extremadamente realista interpretación de Robert de Niro en el papel de Leonard. No parece discutible su merecido Óscar al mejor papel principal, aunque para gustos los colores. Pero el trabajo también obtuvo el Óscar a la mejor película y al mejor guion adaptado. Y así es, obviamente la película deja fuera algunos detalles del libro, pero introduce elementos visuales que pueden darnos una idea de la entrega de

Sacks. En una de las escenas principales vemos al doctor Sayer sentado en una silla de ruedas junto a Leonard, en mitad de la noche, dormido pero a la espera de ver qué pasa con una nueva droga que le ha administrado. En un cabezazo abre los ojos y ve que Leonard no está en la cama. Corre por la clínica hasta llegar al salón y allí está Leonard, escribiendo en un papel. Para mí es imposible separar esta imagen de la gran interpretación de Robert de Niro. Con el mentón caído, como si le pesaran los años que lleva dormido, dice con esfuerzo: «Silencio». A lo que Robin Williams contesta, con la paternal sonrisa socarrona que lo caracteriza: «Todos duermen». Leonard intenta dibujar una sonrisa: «Pero yo no». El doctor cierra la escena de manera colosal: «No, tú estás despierto». Sacks administró a estos pacientes una droga experimental para pacientes de Parkinson llamada *levodopa*, o L-Dopa de forma simplificada. La maniobra consiguió despertar del letargo a aquellos pacientes, pero solo de forma temporal, el tratamiento dejaba de funcionar con el tiempo. Fueron despertares fortuitos, pero se produjeron. Cuando Sacks contestaba una entrevista con la frase «se puede tener sentimientos hacia las plantas, aunque probablemente ellas no tienen sentimientos hacia nosotros» no se refería, obviamente, a sus pacientes. Sin embargo, alguna vez se escucha hablar despectivamente de *vegetales* cuando nos referimos a personas que se encuentran en situaciones parecidas a la de los pacientes de *Despertares*. Es por ello que el ser humano debe seguir investigando todo lo posible estos casos tan excepcionales, no solo porque los pacientes se encuentren en una situación delicada, sino porque los que están a su alrededor pueden llegar a sufrir más que ellos.

* * *

El Parkinson es la segunda enfermedad neurodegenerativa a nivel mundial. Aunque la longevidad es el mayor factor de riesgo, existen variantes que pueden manifestarse a edades tempranas. Si se fuerza un poco la situación, en la Biblia y en algunos textos del antiguo Egipto encontramos algunos relatos de síntomas asociados con esta enfermedad. Galeno de Pérgamo (129-199) es uno de los primeros en hacer referencias serias sobre los síntomas:

> Un tipo de parálisis que impide andar derecho... El temblor es una enfermedad desafortunada; el movimiento es inestable y sin control.

Si conoce a algún afectado por el Parkinson, tal vez haya observado en él un síntoma denominado *festinación* (del latín, *festinare,* «apresurarse»). Se trata de una tendencia a andar rápido para no caerse, pues con los movimientos lentos pueden perder el equilibrio. Pues bien, la festinación ya fue observada por Baptiste Sagar (1732-1813):

> En Viena vi un hombre de unos 50 años que corría de forma involuntaria, incapaz de cambiar de dirección para evitar obstáculos.

La lista de médicos y científicos en general que han estudiado la enfermedad de Parkinson es inagotable. El nombre viene del británico James Parkinson (1755-1824), que fue uno de los primeros en publicar un estudio serio sobre la materia. En 1817 dio a conocer sus conclusiones en un artículo que se intitula «Un ensayo sobre la parálisis agitante». Desde el punto de vista nosológico, el nombre de enfermedad de Parkinson lo acuñó más de cincuenta años después el francés Jean-Martin Charcot (1825-1893), uno de los fundadores de la neurología moderna. El propio Parkinson no habla del descubrimiento de la enfermedad y en su artículo cita a muchos autores precedentes. Aun así, es común dar con referencias en las que se expresa que él descubrió la enfermedad. Siendo justos, Parkinson fue la persona que supo recopilar, sintetizar y unificar de forma inteligente todo lo que había escrito sobre el asunto. De ahí el homenaje que quiso brindarle Charcot al utilizar su apellido. En su ensayo, Parkinson incluyó su propia experiencia con seis casos observados. De estos seis, sorprendentemente tres los había conocido mientras paseaba por la calle y a uno de estos solo lo había visto de lejos. Él mismo lo cuenta así en su ensayo; debió de ser una persona con don de gentes. Hoy esto parecería estar dotado de una simpática ingenuidad, o de una osadía peligrosa, ¿se imagina a una persona que, por la calle, fuera mirando con aire especulativo a los viandantes mientras pasean? Es raro.

El Parkinson y la dopamina están relacionados. En 1910, George Barger (1878-1939) y James Ewens consiguieron sintetizar la dopamina; en cambio, no fue identificada en el cerebro humano hasta 1957 por Kathleen Montagu (1907-1966). Al año siguiente, Arvid Carlsson (1923) y Nils-Åke Hillarp (1916-1965) lograron conocer su función: la dopamina es un neurotransmisor. No se conoce con certeza las causas del Parkinson, pero sí se sabe desde 1950 que una de las características de la enfermedad es la deficiencia de dopamina. Es por esta razón por lo que se consideró durante un tiempo como un trastorno dopaminérgico; sin embargo, hay otros síntomas no motores que no se explican por la bajada en los niveles de la dopamina. De hecho, no es fácil dar un diagnóstico rápido de Parkinson. Se deben observar unos síntomas esenciales, hay que tener en cuenta unos criterios de exclusión y se añaden síntomas que apoyan el diagnóstico. Los tres signos motores del parkinsonismo son: temblor de reposo, rigidez muscular y bradicinesia (lentitud en los movimientos voluntarios). Incluso teniendo en cuenta estos síntomas y descartando criterios excluyentes (por ejemplo, tratamientos neuropáticos recientes), el paciente debe responder al tratamiento de L-Dopa durante un año para tener un diagnóstico lo más certero posible. La levodopa (L-Dopa), que fue sintetizada por Casimir Funk (1884-1967) en 1911, no se comenzó a utilizar para la enfermedad del Parkinson hasta 1967. Al año siguiente ya teníamos el primer estudio. La L-Dopa no es dopamina, ¿entonces por qué funciona como tal? Porque no la sustituye, sino que es un precursor de esta. ¿Y por qué no le damos al paciente dopamina y santas pascuas? Porque la dopamina, no es capaz de pasar al cerebro. La dopamina, por ejemplo, se encuentra en la piel de los plátanos: si tiene deficiencia de dopamina no le va a servir de nada comer plátanos, es un aviso por si algún espabilado comienza a vender algún producto milagroso para enfermos de Parkinson. Como la dopamina no pasa al cerebro, usamos un precursor de esta, la L-Dopa, como se acaba de decir. Pero con la L-Dopa tenemos un problema añadido, en el estómago se convierte en dopamina por la acción de una de esas celestinas químicas, la enzima dopadecarboxilasa. Así que tenemos en el estómago una dopamina que no sirve de nada, como si se hubiese comido un plátano. Se puede solucionar. A estos medicamentos que degeneran en otros mediante la digestión se le agregan inhibidores (las *anticelestinas*), es decir, algo así como si la enzima fuese el cobrador de frac y usted se lleva a un guardaespaldas que lo muele a palos. Hoy en día se usan dos de estos matones que acompañan a la L-Dopa: carbidopa y benserazida. Gracias a uno de estos inhibidores (no se ponen los dos), gran parte de la levadopa llega al cerebro. Allí, en la zona adecuada, puede convertirse en dopamina mediante la acción de las enzimas pertinentes. Sin embargo este procedimiento no es una cura de la enfermedad, no es más que una terapia temporal de unos síntomas concretos. Por desgracia, la administración de L-Dopa va perdiendo eficacia a medida que la enfermedad evoluciona. Además de este fármaco se usan agonistas dopaminérgicos (moléculas que se hacen pasar por dopamina y hacen las veces de ella), dependiendo de las necesidades del paciente. Un conocido agonista dopaminérgico es la bromacriptina. Esto me hace recordar una anécdota de la que no me siento orgulloso y que guardo algo difusa en la memoria. Una vez oí una conversación sobre un hombre al que le habían diagnosticado cáncer de pecho. Un hombre. Me sonreí y pensé que aquello no podía ser. Tiempo después me empecé a interesar por la medicina y pude leer una bibliografía extensa al respecto. La barbaridad la había cometido yo, doblemente, por reírme de un caso ajeno (aunque fuera interiormente) y por pensar que lo sabía todo. Debo decir en mi defensa que entonces apenas superaba los dieciocho años. La bromacriptina es un inhibidor de la adenohipófisis que se usa en casos de un descontrol en los niveles de prolactina, la hormona que anima a las mamas a producir leche. A este desajuste se le llama *galactorrea* y sí, lo pueden sufrir hombres. No es ninguna broma convertirte en una vaca lechera de la noche a la mañana y no puedo imaginarme los problemas de autoestima que podría provocar.

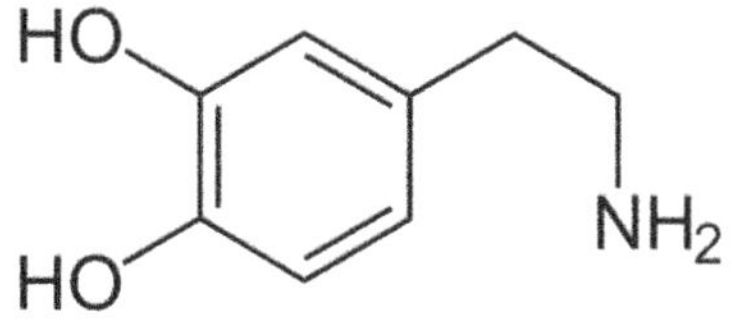

**Figura 7.** Molécula de dopamina.

Humor sí, hilaridad no. Cuando vemos a un abuelito o a una abuelita con Alzheimer, nuestras reacciones pueden ser diversas, dependiendo del grado de su enfermedad, de nuestra relación con la persona y de las horas que pasemos a su lado. Una persona que entra en las primeras fases de esta terrible enfermedad suele estar a la defensiva, irritable; no podemos reírnos de ellos cada vez que nos pregunten en la misma mañana qué vamos a almorzar hoy. La enfermedad de Alzheimer es la primera enfermedad neurodegenerativa en prevalencia y a todos nos va a tocar de cerca en nuestro entorno, tarde o temprano. En los primeros estadios de la enfermedad se produce un deterioro cognitivo y diversos trastornos. A medida que avanza la enfermedad se produce confusión mental, irritabilidad, trastornos del lenguaje, cambios de humor, etc. Un estado que hace que el afectado tienda cada vez más al aislamiento social. Es como si fuera el caso opuesto al de los despertares de Sacks; si bien Leonard decía «Pero yo no» cuando se hablaba de que todos dormían, un enfermo de Alzheimer muy avanzado parece estar sumido en sueños mientras que todos los de alrededor permanecemos despiertos. No nos pongamos lánguidos, los avances en la lucha contra esta nefasta enfermedad deberían darnos esperanzas, envalentonarnos y hacer que nos vengamos arriba.

Es sabido que la enfermedad de Alzheimer se ensaña sobre todo con la población de edad avanzada, pero también se presentan casos en edades tempranas. La demencia senil (en referencia a personas de avanzada edad) se comenzó a estudiar con profundidad a principios del siglo XIX. Abundaban tanto los casos en la Alemania de la época que se había producido una verdadera saturación en los hospitales destinados a enfermos crónicos. En la bibliografía los llaman *asilos* (*asylum*) y así los vamos a llamar a partir de ahora, pero no debe confundirse con los centros de la tercera edad actuales, cuyos huéspedes no tienen por qué ser enfermos crónicos. En aquellos asilos entraban todo tipo de afectados crónicos, sobre todo en el ámbito de la psiquiatría. Estos centros estaban situados en zonas rurales y albergaban una cantidad enorme de personas en situaciones irreversibles o terminales. En torno a los inicios del siglo XX se comenzaron a construir las clínicas universitarias, unos hospitales algo más pequeños que podían ayudar a prevenir la situación crónica de algunos pacientes. Esto permitía aliviar la situación en los asilos al paliar la sobrecarga. Existía por tanto una doble cultura médica, con dos formas de ver la psiquiatría y con objetivos distintos. A pesar de que los psiquiatras de la época trabajaban en un solo tipo de centro, los más jóvenes sí comenzaron a alternar. Es así porque las clínicas fueron el centro de estudio de las nuevas hornadas de profesionales de la salud. Tal fue el caso de Alois Alzheimer (1864-1915): trabajó con enfermos crónicos en Frankfurt en 1888 y se trasladó a un hospital académico a Heidelberg y, más tarde, a Munich. Alzheimer comprobó por sí mismo cómo en el segundo tipo de centro se derivaban los casos de demencia crónica hacia los primeros. Sin embargo, el espíritu investigador se palpaba en las clínicas, así que era un problema el estudio de la demencia y otras enfermedades crónicas. Se quejó de la situación en más de una ocasión, sobre todo de no poder seguir el historial de enfermos que venían una sola vez a visitarlo. En la misma situación estaba el por entonces respetado psiquiatra Emil Kraepelin (1856-1926), quien es considerado como fundador de la psiquiatría científica moderna. Kraepelin dio una importancia tremenda al hecho de que las enfermedades psiquiátricas debían tener un origen patológico, en alguna parte del cerebro debía haber algo que no funcionaba (algo tangible, físico). Es por ello por lo que también se lo considera uno de los impulsadores de la psicofarmacología. Me interesa personalmente Kraepelin porque se opuso de plano al psicoanálisis y a la teoría de interpretación de los sueños, aunque él mismo escribió algo más comedido al respecto. Podemos decir que Kraepelin humanizó los trastornos psíquicos. Pues bien,

Kraepelin y Alzheimer coincidieron en el *Royal Psychiatric Clinic*, cuando Kraepelin era el director de la clínica.

La estancia de Alzheimer en Munich se extendió desde 1903 hasta 1912. Estaba muy interesado en estudiar el cerebro de algunos enfermos, pero la investigación de la demencia senil se veía gravemente obstaculizada por las dificultades en la adquisición de muestras. Como se ha dicho, el problema principal que tenían tanto Kraepelin como Alzheimer es que los pacientes estaban de paso, pues se los derivaba con rapidez a los asilos si presentaban síntomas crónicos. Así que debían estar burlando los procesos burocráticos para poder conseguir muestras de los centros de enfermos crónicos. Además, tener muestras de pacientes a los que no se les había seguido el historial en vivo no daba esperanzas de encontrar relaciones entre la enfermedad y su patología neurológica. La situación no era fácil. Pero, en todo este entramado de dificultades, Alzheimer consiguió seguir la pista de una paciente que ha pasado a la historia: Auguste D. (Deter). Cuando trabajó en Frankfurt conoció de primera mano, en 1901, el caso de Auguste, una mujer que presentó una demencia precoz en torno a los cincuenta años. Este centro estaba realmente colmado de pacientes, por lo que abrieron uno más pequeño en Weilmünster, a menos de cincuenta kilómetros. El marido de Auguste intentó trasladarla al nuevo asilo, pero Alzheimer lo evitó y constan dos rechazos administrativos en 1904. El marido de Auguste D. no debía de estar contento y, a pesar de los métodos de Alzheimer, la jugada tuvo su recompensa para la humanidad. Los medios de los asilos no eran los medios de los hospitales académicos; si Alzheimer hubiese permanecido en Frankfurt, tal vez no habría acontecido lo que estamos a punto de relatar. Cuando se fue a su tercer destino en Munich, todavía mantenía relaciones con Sioli, el director del asilo de Frankfurt. Consiguió que le enviasen el cerebro de Auguste D. tras el deceso de esta, en 1906. Presentó sus conclusiones el mismo año, seis meses después, en un congreso de psiquiatras en Tübingen y publicó un artículo al respecto, pues le parecía que no podía quedarse solo en una ponencia. En su texto, de 1907, introducía el caso de la siguiente forma:

> Una mujer de 51 años presentaba sentimientos de celo hacia su marido como uno de los primeros síntomas de la enfermedad. Pronto presentó rápidos y progresivos fallos de memoria; no podía encontrar el camino a casa; arrastraba objetos de manera absurda y los escondía; y algunas veces pensaba que la iban a matar y empezaba a gritar.

Más adelante –en el artículo– trataba su método de análisis de las muestras, para buscar una relación entre los síntomas y las observaciones neuropatológicas. Lo que pudo ver Alzheimer fue una concentración anormalmente alta de ovillos neurofibrilares, es decir, agregados hiperfosforilizados de *proteína tau*, un tipo especial de proteínas presentes en algunas neuronas concretas. La frase anterior puede parecer un trabalenguas, y de hecho lo es para cualquier lego en la materia. El nombre está realmente bien puesto: un ovillo neurofibrilar no es más que un conglomerado de filamentos en el citoplasma de las neuronas. Estos filamentos son proteínas que han sufrido múltiples fosforilaciones (captaciones de grupos fosfato) y forman unos entramados que al microscopio parece un ovillo de lana. La neurona queda atrofiada y es una característica neuropatológica de la enfermedad de Alzheimer fácilmente apreciable en una autopsia. No se sabe por qué ocurre esto de los ovillos, pero se sabe que ocurre. En contraste, Alzheimer constató en 1911 la ausencia total de ovillos neurofibrilares y placas seniles (otra característica del Alzheimer) en los afectados por la enfermedad de Pick. Esta enfermedad es una enfermedad neurodegenerativa de baja prevalencia, se estima que hay un caso de Pick por cada 50-100 casos de Alzheimer. Fue descubierta por el psiquiatra checo Arnold Pick (1851-1924) en 1892. Volvamos al Alzheimer. En 1910, Kroepelin publicaba la octava edición de su libro de texto sobre psiquiatría. A pesar de contar solo con cinco casos, añadió la expresión de «enfermedad de Alzheimer» para los pacientes en los que se presenta la neurodegeneración descrita arriba. Pero como ocurre con los descubrimientos científicos, no puede ser todo tan fácil. En el título de su primer artículo Alzheimer denota como *peculiar* sus observaciones. Pero otros científicos ya habían descrito los ovillos neurofibrilares, ¿por qué no llamarla «enfermedad de Fuller» o «enfermedad de Ficher»? Algunos expertos apuntan que el logro de Alzheimer no fue tanto encontrar algunas características neuropatológicas de la enfermedad (los ovillos) y tomarlos como marcadores de la enfermedad (ya lo había hecho Salomon Fuller). Parece que el gran logro de Alzheimer fue hacer notar que este tipo de demencia se puede producir en edades tempranas, la llamada *demencia precoz* y que, efectivamente, está asociada a los ovillos neurofibrilares. Sea como fuere, la enfermedad de Alzheimer ha pasado a formar parte de nuestro vocabulario habitual.

* * *

Noa iba a leerle cada día a su esposa Allice, cada jornada pretendía enamorarla de nuevo y procuraba recuperarla: «No me dedicarán ningún monumento y mi nombre pronto pasará al olvido, pero he amado a otra persona con toda el alma, y eso, para mí, es más que suficiente». En la investigación científica parece que «todos duermen» mientras que un genio descubre algo. No es así, el cerebro de ese investigador que pasa a la fama está alimentado por el resto de los colegas, como si él fuese una neurona y, el resto, las células gliales que la acompañan, aunque a veces la situación se da la vuelta y alguna célula glial despierta para convertirse en la neurona que graba su nombre en la historia de la ciencia. Tanto unos como otros trabajan para mejorar el mundo, cada uno por motivaciones propias, pero permítame que me engañe un poco y piense que lo hacen por simple filantropía. Casos como el del Parkinson y del Alzheimer siguen estando en la lista de enfermedades de etiología desconocida. En *El diario de Noa* no se menciona el Alzheimer, pero es evidente que Allie tiene algún tipo de demencia. No reconoce a nadie, ni a su marido. Todo le resulta confuso, se muestra irritable y alterada. Pero Noa no desiste, sabe que su mujer puede tener pequeños despertares y puede verlos en el brillo de los ojos: «Aprendí que para mí vivir es sentarme en un banco junto a un viejo río, con la mano en su rodilla, y a veces, en los días buenos, enamorarme». En la historia de Noa, un día cualquiera consigue que Allie lo reconozca, tras una cena romántica y haber pasado un rato con lecturas del pasado (el diario de Noa). Pero mientras todos duermen ella vuelve a su jaula, deja de reconocerlo y el miedo la controla. Mientras nos rodeemos de estas situaciones terribles no nos queda otra que confiar en la ciencia y acompañar a nuestros seres queridos, como hizo Noa hasta el final de su vida:

> Y cuando las enfermeras entran en la habitación, se encuentran con que deben consolar a dos personas: una mujer temblorosa, acechada por los demonios de su mente, y un viejo que la ama más que a su propia vida, llorando silenciosamente en un rincón, con la cara entre las manos.

# 10
# Las barras de monos

*Las ciencias básicas se han usado de manera directa para mejorar la tecnología. En este capítulo se trata directamente el surgimiento de la electrónica, gracias a la invención de los semiconductores y los transistores. Algo imposible sin el conocimiento del átomo y de los diversos elementos. inviable escribir aquí una relación de todos los usos de la electrónica, el lector los conoce de sobra: ordenadores, radios, móviles, televisiones, tabletas, etc. Pero, de entre ellos, nos interesa el uso que se da hoy en día en los hospitales, en el área de medicina nuclear, donde podemos encontrar TAC, aparatos de Rayos X, PET, ecógrafos, etc. La base de la electrónica es el electrón en movimiento, es incluso romántico pensar que son los electrones los que le hacen la vida más cómoda. O simplemente le devuelven la vida.*

---

*Así habló Zaratustra* es un poema sinfónico de Richard Strauss, estrenado el 27 de noviembre de 1896 en Frankfurt, e inspirado en la obra homónima del filósofo Friedrich Nietzsche. La introducción representa el amanecer del ser humano y se hizo famosa para el gran público gracias a que Stanley Kubrick la incluyó en la banda sonora de su película *2001: una odisea en el espacio*, con guion del escritor de ciencia ficción Arthur C. Clarke y que, a su vez, se basó en un relato propio. El texto de Clarke está lleno de verdaderas joyas, una de las cuales es el siguiente fragmento:

> Los instrumentos que habían planeado emplear eran bastante simples, aunque podían cambiar el mundo y dar su dominio a los mono-humanoide. El más primitivo era la piedra manual, que multiplicaba muchas veces la potencia de un golpe. Había luego el mazo de hueso, que aumentaba el alcance y procuraba un amortiguador contra las garras o zarpas de bestias hambrientas. Con estas armas, estaba a su disposición el ilimitado alimento que erraba por las sabanas.

Kubrick supo darle a la escena un aire magistral, se aprecia ese proto-humano golpeando los restos animales con un fémur que es sostenido con firmeza por una de sus manos. Las trompetas del *Amanecer* de Strauss resuenan y aceleran el corazón, no solo somos testigos del descubrimiento de las herramientas manuales, también nos enfrentamos a su reverso tenebroso:

> El mazo de piedra, la sierra dentada, la daga de cuerno y el raspador de hueso... tales eran las maravillosas invenciones que los mono-humanoide necesitaban para sobrevivir. No tardarían en reconocerlos como los símbolos del poder que eran, pero muchos meses habían de pasar antes de que sus torpes dedos adquirieran la habilidad –o la voluntad– para usarlos.

Los humanos y el resto de los primates compartimos una cantidad enorme de similitudes anatómicas. Si somos hoy capaces de resolver una ecuación de segundo grado es porque, en el pasado, fuimos capaces de ir de rama en rama y de cazar en grupo. Siempre me han parecido muy educativas las *barras de mono*, esas barras metálicas que forman cubos del mobiliario en los parques infantiles. En mis tiempos de infancia eran metálicas, se oxidaban y, si te cortabas, ibas a ponerte la inyección del tétanos. Hoy las barras metálicas casi han desaparecido, se han sustituido por atracciones fabricadas con polímeros y se va perdiendo el concepto de las barras que forman una estructura de cubos. Aquello fomentaba la flexibilidad, la coordinación, el equilibrio, etc. Este tipo de juegos pueden considerarse como la antesala al *Amanecer* de su vida como primate que utiliza herramientas. La patente original de las barras de mono data de 1920 y fueron presentadas en la oficina de Chicago (EE. UU.) por un abogado llamado Sebastian Hinton. La expresión *barras de mono* no aparece documentada hasta 1955, pues Hinton las llamó originalmente *Junglegym*. El propio inventor decía en el texto de la patente: «Escalar es el método original de locomoción por el cual fueron *diseñados* los predecesores evolutivos de la especie humana, siendo por lo tanto ideal para los niños». Las cursivas son de un servidor. El ser humano sí ha diseñado máquinas de todo tipo, con frecuencia intentando imitar la naturaleza. Desde las extravagantes máquinas voladoras de Leonardo da Vinci hasta la máquina de cálculo de Pascal, la *pascalina*, que pretendía sustituir el trabajo del cerebro humano. Estudiar las máquinas neumáticas, mecánicas y eólicas es muy interesante, pero los avances que han catapultado al ser humano hacia caminos insospechados se basan en el surgimiento de la electrónica y, sobre todo, en su reciente matrimonio con la computación. Y ambas cosas se produjeron tras la comprensión del comportamiento de los electrones. Vivimos en la era del electrón.

* * *

Es prácticamente imposible señalar un suceso como inicio de la historia de algún campo tecnológico concreto; aun así voy a arriesgarme a trazar lo que –a mi juicio– son los eventos más importantes en dos casos: la electrónica y la computación. Respecto a la electrónica, creo que lo que marcó la diferencia fue el descubrimiento de la emisión termoiónica, el desarrollo de los diodos, el entendimiento profundo de los semiconductores y la fabricación del primer transistor. La computación la dejaremos para más adelante y solo destacaremos un punto concreto. Existe toda una disciplina científica denominada *termoiónica* que estudia los fenómenos relacionados con la emisión termoiónica, es decir, el flujo de iones o electrones proveniente de la superficie de un metal y que se ha generado debido a que la energía térmica del metal proporciona energía suficiente a electrones o iones para escapar del metal. No sabemos si los ojos de Frederick Guthrie (1833-1866) fueron los primeros que vieron el fenómeno, pero en 1873 publicó el primer artículo en el que relacionaba el calor con la pérdida de carga eléctrica. Observó que, al calentar algunos metales hasta el rojo vivo, estos perdían carga si estaban cargados negativamente. Hay que apuntar que hasta 1897 no quedó demostrada la existencia de los electrones, por J. J. Thomson, así que el fenómeno no se comprendía bien. Incluso cuando William Preece (1834-1913) bautizó el fenómeno como *efecto Edison* en 1885, no se conocían con certeza las razones de lo que sucedía. Thomas Alva Edison (1847-1931) atesoró en vida más de dos mil trescientas patentes, algunas de las cuales están envueltas en oscuras polémicas por su posible falta de originalidad. Hay mucha literatura al respecto, pero centrémonos en lo que nos interesa: Edison redescubrió la emisión termoiónica en 1880 mientras investigaba la forma de alargar la vida de los filamentos de su lámpara de incandescencia. La verdad es que es imposible no hacer un inciso aquí, pues el asunto de la bombilla es algo que me molestó en mi adolescencia. En mi niñez memoricé datos que me han acompañado toda mi vida, datos que luego he tenido que afinar porque no son del todo ciertos. Uno de ellos tenía que ver con la bombilla; los maestros me enseñaron que la inventó Edison, pero lo cierto es que la primera patente de la lámpara de incandescencia, es británica, data de 1878 y pertenece al inglés Joseph Wilson Swan (1828-1914). La patente de Edison (con variaciones importantes, todo hay que decirlo) es norteamericana y se fecha en 1880. Pero Edison era, ante todo, una persona influyente y un hombre de negocios. Por eso, durante mucho tiempo, el efecto termoiónico se llamó *efecto Edison*, y aún se sigue denominando así en algunos textos. Lo que le ocurría a los filamentos de las bombillas de Edison es que emitían electrones. Aunque este detalle no lo conociese, el inventor sí sabía que había un flujo de carga, por lo que ideó un sistema para atraer esas cargas y que su lámpara fuese más estable. Cuando hoy en día se habla de *efecto Edison* se hace referencia solo al caso de emisión de electrones, no de iones. Seamos justos con Edison: advirtió que había una relación entre el flujo de corriente desprendido por el filamento y el voltaje aplicado, lo que podía tener multitud de aplicaciones. Estamos hablando de un hombre con proyección empresarial, no se limitó a publicar un *paper*, sino que envió una descripción de un dispositivo a la oficina de patentes de Menlo Park (Nueva Jersey) en 1883, y así, el 21 de octubre de 1884, se publicaba la primera patente de un dispositivo electrónico: «Indicador eléctrico». Se trataba de eso mismo, un indicador eléctrico para poder regular el voltaje eléctrico en un circuito.

Por aquel entonces, la experimentación con tubos de vacío estaban de moda. Recuérdese su uso en el estudio del comportamiento de los gases y cómo fue crucial para el descubrimiento del electrón. El físico británico John Ambrose Fleming (1849-1945) fue uno de los que se unió a este club, utilizando además el mal llamado *efecto Edison*. Fleming fue el inventor del diodo termoiónico, una válvula de vacío que era capaz de dirigir los electrones en un solo sentido. La patente de Fleming, que data de 1904, tiene un título que deja clara su aplicación: «Instrumento para convertir corriente eléctrica alterna en corriente continua». Hoy se conoce como *válvula de Fleming*. Todos los dispositivos electrónicos que usted tiene en casa funcionan con corriente continua (DC); sin embargo, la electricidad que llega a su hogar es corriente alterna (AC). Dicho de otro modo, mientras que los electrones llegan a su enchufe oscilando de un lado a otro, su ordenador necesita que solo vayan en un sentido. Cuando cargue el móvil observe el cargador, la idea de fondo es la que se acaba de contar, tiene en su interior un dispositivo capaz de transformar AC en DC. Así que dé las gracias a Fleming cada vez que su móvil esté al 100 %. Por cierto, Fleming llegó a este dispositivo por una casualidad, pues él andaba buscando desarrollar un detector de ondas de radio con el efecto Edison. Lo consiguió y, de paso, escribió una página en el libro de la historia de la electrónica. Tal vez conozca una de las ocurrencias de Fleming, y si ha estudiado una carrera científica o técnica, es más que probable que haya echado mano de dicha ocurrencia alguna vez. Y de manos va, Fleming fue el que inventó la regla nemotécnica de la mano izquierda para el trabajo con vectores en electromagnetismo. En la regla de la mano izquierda se utilizan tres dedos: el pulgar, el índice y el corazón. Personalmente siempre he preferido la regla de la mano derecha, a pesar de tener que soltar el bolígrafo. La regla de la mano derecha se remonta a la mente de Ampère (el descubridor del flúor y fundador de la electrodinámica) y con ella solo se usa la palma de la mano y el pulgar. Pero volvamos a Fleming, él no usó la palabra *diodo*, en su patente aparece la expresión *válvula eléctrica*. Durante un tiempo se extendió el uso del vocablo *rectificador*, muy acertado, pues hoy se utiliza para dispositivos que *rectifican* la corriente, es decir, convierten la corriente alterna en corriente continua. El término *diodo* no fue acuñado hasta 1919 por el físico británico William Henry Eccles (1875-1966). Literalmente, del griego, significa 'dos caminos'. Eccles se basó en la palabra *electrodo* introducida por Faraday, del griego *elektron,* 'ámbar' y *hodos,* 'camino'. Faraday lo publicó en una obra de 1834 en la que también aparecían por primera vez *ánodo, cátodo, anión, catión, electrolito* y *electrolisis.* Ahí es nada, un verdadero domador de palabras. Eccles propuso el término diodo siguiendo la idea de Faraday porque la válvula de Fleming tenía dos electrodos, había dos caminos, a pesar de que los electrones estaban obligados a seguir un solo sentido. Eccles, por cierto, inventó en 1918, junto a su colega F. W. Jordan, el *circuito disparador de Eccles-Jordan,* llamado actualmente *flip-flop* (o *biestable,* en español). Y lo hicieron, cómo no, con tubos de vacío y siendo, como no, la emisión termoiónica la idea científica de fondo. Como su propio nombre indica, estos circuitos tienen dos estados estables, lo cual sirve para guardar información. El hecho de obligar a los electrones a ir en un solo sentido es, por tanto, una de las claves de la electrónica y , por supuesto, de la informática. Un biestable almacena un bit de información.

Desde la válvula de Fleming en 1904, los diodos se han perfeccionado de forma inimaginable para sus pioneros. Los diodos que tienen en el cargador de su móvil no son las válvulas eléctricas de principios del siglo XX, más que nada porque aquellos no cabrían de ninguna manera (piense que eran del tamaño de bombillas). Pero antes de comentar algo sobre la miniaturización del diodo, hablemos del hermano de este, el triodo. El inventor norteame-

**Figura 8.** Primeros prototipos de la válvula de Fleming.

ricano que desarrolló la criatura fue Lee de Forest (1873-1961), descendiente directo de Jessé de Forest, un famoso líder religioso que llegó emigrado de Europa debido a la persecución. Cuando alguien visita Nueva York es normal que quiera ir a Central Park, pero la ciudad tiene otros parques también preciosos y que merecen la pena. Uno de ellos es el que se encuentra al suroeste de la isla de Manhattan, Battery Park, muy cerca del Federal Hall y del Monumento del 11S, donde se elevaron en su día las torres gemelas. Allí, en Battery Park, se levanta un monumento en memoria a Jessé de Forest, por su trabajo en favor de la enseñanza integrada, entre razas y géneros. Jessé ansiaba que su hijo fuese ministro de una iglesia congregacional, como él mismo, pero a Lee le interesaban más las posibilidades que dan la ciencia y la tecnología. Así que rompió una tradición familiar. Forest (nos referimos a partir de ahora a Lee) añadió un tercer electrodo a la válvula de Fleming en forma de rejilla metálica. Un dispositivo electrónico que llamó *Audion* y que patentó en 1907. El *Audion* se considera el primer amplificador operativo de la historia. En su autobiografía se refirió a sí mismo como *Padre de la radio*, y no es para menos, gracias a su invención se pudo desarrollar la emisión de sonidos a largas distancias. De hecho, el invento lo patentó bajo la expresión de *Space telegraphy*, algo así como «Telegrafía por el espacio» o, para entendernos mejor, «Telegrafía sin cables». En un mundo conectado por kilómetros de cable, aquello era una revolución. Parece que Forest era todo un romántico, la primera prueba de emisión de radio que realizó desde su abarrotado laboratorio fue la interpretación de *I Love You Truly*, un clásico en las bodas norteamericanas. Al otro lado estaba el ingeniero civil Oliver Adams Wyckoff, en un muelle de Broocklyn. Contestó a la emisión: «He oído la voz de un ángel». El ángel era una emigrada suiza llamada Ada Eugenia von Böös, la primera persona en cantar por radiodifusión inalámbrica. Más tarde pasaría a llamarse Eugenia Farrar y, a pesar de que se divorció, mantuvo este apellido.

Hagamos un inciso para recordar algunos nombres que han aparecido aquí. Faraday y sus electrodos, Guthrie y la relación entre el calor y la pérdida de energía eléctrica, Thomson y los electrones, Edison y el efecto que lleva su nombre, Fleming y el diodo, Forest y el triodo, etc. Es habitual encontrar en la literatura que el nacimiento de la electrónica se debió a Forest, así como la invención del triodo. Él interpuso una rejilla entre un filamento incandescente y un electrodo. Esto, que parece ser una insignificante prueba sin más, es lo que se considera el origen de la electrónica. Una idea luminosa, por supuesto, pero lo que hizo Forest no habría sido posible sin el concurso de todos los científicos anteriores y sin la feroz competencia por la comunicación aérea que existía en su tiempo. La electrónica de las válvulas de vacío fue la impulsora de la electrónica actual y, aunque aún se usa en algunos sitios, no solemos ver estas válvulas en nuestros dispositivos (si la edad le agravia, es posible que en su niñez hubiese sido testigo del trabajo de los técnicos que cambiaban las válvulas de su televisor). La electrónica hoy no se basa en estas válvulas, sino en los semiconductores. Sin embargo, la naturaleza es la misma: nuestros amigos los electrones que bailan al ritmo que les dictamos.

El nombre no puede estar mejor puesto, un semiconductor es un elemento con trastorno de identidad disociativo respecto al paso de los electrones. Es decir, a veces deja pasar la corriente eléctrica y a veces no, depende de diversos factores. Los elementos semiconductores son algo más de una docena, pero los más usados son el silicio y el germanio. La teoría de bandas modela con mucho tino el comportamiento de los electrones en los semiconductores y también lo hace en los conductores y los aislantes. Si un átomo solo tiene unos niveles de energía permitido para sus electrones, estos estados se duplican al unir dos átomos en una molécula. Si en vez de una molécula pensamos en un material con millones de átomos, entonces tenemos un número enorme de estados que pueden ocupar los electrones. Las diferencias energéticas son tan pequeñas que es como si los electrones se encontrasen en bandas continuas de energía. La demostración requiere profundos conocimientos de mecánica cuántica, valga con señalar que hay dos bandas posibles: la banda de valencia y la banda de conducción. En la banda de valencia están los electrones de valencia, es decir, aquellos que hacen que los átomos se unan entre ellos y que ya describió en su momento Lewis. Por otra parte, en la banda de conducción se encuentran los electrones libres, que se «mueven» (no en el sentido de lugar físico) al haber perdido el vínculo con su átomo original. El movimiento de los electrones de la banda de conducción es el motivo de que exista corriente eléctrica. Entre la banda de valencia y la banda de conducción hay un *gap*, una zona prohibida donde los electrones no pueden estar. Dependiendo del ancho de esta tierra de nadie, el material será aislante (*gap* grande) o conductor (*gap* pequeño). Pero hay materiales que permiten solo el salto de algunos electrones, estos son los materiales semiconductores. Poder manipular el paso de corriente a gusto del ser humano ha abierto puertas en la era de la electrónica y la informática. El uso de semiconductores aplicados a la electrónica volvió a revolucionar el mundo de la tecnología en 1947 con la invención de otro dispositivo; el transistor. El transistor es un dispositivo electrónico que ofrece una señal de salida ante una señal de entrada determinada, en concreto estamos hablando de un amplificador de corriente. Sus aplicaciones son muy variadas: amplificador, rectificador, oscilador o conmutador.

La historia del desarrollo del transistor está llena de anécdotas, merece la pena realizar una parada para revivir alguna de ellas. William Shockley (1910-1989) pretendía encontrar un amplificador de silicio para sustituir las válvulas de Fleming, cambiar el gas por el estado sólido y así poder acceder a tamaños más compactos. Su enfoque era correcto, pero fracasó en su empeño. Sabía que un semiconductor era el material ideal, pues la clave estaría en controlar el paso de electrones a placer. Al no conseguirlo, pasó el trabajo a dos científicos que trabajaban para él, John Bardeen (1908-1991) y Walter Brattain (1902-1987). Mientras que Bardeen aportaba la parte teórica, Brattain daba el valor experimental al equipo. Advirtieron que el error de Shockley estaba en la fragilidad del silicio y en su difícil purificación. Así que trabajaron con germanio hasta dar con el primer transistor a finales de 1947. El nombre lo puso John Pierce, un compañero de los *Laboratorios Bell*:

> La forma en que se me ocurrió el nombre fue pensando en el funcionamiento del dispositivo. En ese momento supuse que era el análogo del tubo de vacío. El tubo de vacío tenía transconductancia, por lo que el transistor tendría «transresistencia». Y el nombre debía seguir la línea de los nombres de otros dispositivos, como el varistor y el termistor. Así que sugerí el nombre de *transistor.*

Aunque la patente la registraron los dos subordinados en 1948, fueron los tres los que recibieron el premio Nobel en 1956. Para entonces, Bardeen era profesor en Illinois y escuchó la noticia por la radio. Al recoger el premio Nobel, el rey Gustavo I de Suecia le hizo notar que no le gustó que dejase a sus hijos en Harvard, a lo que Bardeen bromeó diciéndole que para el próximo premio Nobel se los traía. Y así fue, en Illinois se especializó en el estudio de la superconductividad y desarrolló junto a Cooper y Schrieffer la teoría BCS (acrónimo de los apellidos) de superconductividad, por lo que recibieron el premio Nobel de Física en 1972. Efectivamente llevó a sus hijos, aunque ya algo crecidos.

**Figura 9.** John Bardeen, William Shockley y Walter Brattain tras anunciar el desarrollo del transistor, un elemento electrónico que cambió el mundo. Autor: Jack S. 1948.

Desde la invención del transistor hasta nuestros días, el desarrollo de dicho elemento electrónico ha seguido una evolución que es difícil de seguir paso a paso. Una curiosidad es que al final el germanio acabó sustituyéndose por el silicio. Resaltemos el hecho importante de la miniaturización con los circuitos integrados. Si bien los primeros ordenadores ocupaban habitaciones enteras llenas de válvulas de Fleming (arreglar un ordenador era una tarea ímproba porque había que localizar cuál se había fundido), hoy tenemos en nuestros bolsillos teléfonos que no son más que ordenadores de pequeño tamaño. La capacidad de procesamiento de los dispositivos actuales parece no tener límites, pero esto no habría sido posible sin aunar los esfuerzos en los campos de la electrónica con los avances en la computación, que comenzaron con la propia historia del ser humano. La base lógica de la computación es el concepto de algoritmo: un conjunto de órdenes que indican cómo realizar una actividad de manera unívoca. Un algoritmo puede implementarse en una máquina analógica, sin la necesidad de que haya elementos electrónicos y así ha sido desde la Antigüedad hasta el siglo XX. Sin embargo, antes del advenimiento de las válvulas de Fleming hubo un matemático extraordinario que escribió las bases de la lógica matemática que se acabarían utilizando en los ordenadores, George Boole (1815-1864). Este matemático británico fue quien desarrolló el álgebra de Boole, en 1847, en un «simple» folleto titulado *El análisis matemático de la lógica*. En 1854 profundizó más en el tema con el libro *Investigación de las leyes del pensamiento en que se fundan las teorías matemáticas de la lógica y la probabilidad*. Un adelantado a su tiempo que dejó escrito el pensamiento de los ordenadores actuales cincuenta años antes de que la electrónica diese el primer pistoletazo de salida. Si se quiere indagar algo más en el mundo de la computación, recomiendo leer sobre el matemático británico Charles Babbage (1791-1871) y acerca de Ada Lovelace (1815-1852), también británica y matemática. Es destacable el hecho de que, a pesar de morir siendo aún muy joven, Lovelace se considera la primera persona en implementar un algoritmo en una máquina analítica, precisamente siguiendo las ideas de Babbage, el que hoy es recordado como «el padre de la computación». Lovelace era hija del poeta romántico Lord Byron, robemos pues sus palabras para reclamar la voz de las científicas olvidadas:

> Oye mi última voz. No es un delito
> rogar por los que fueron. Yo jamás
> te pedí nada: al expirar te exijo
> que vengas a mi tumba a sollozar.

* * *

Boole tuvo cinco hijas con Mary Everest, nieta de George Everest; en su honor, el geógrafo Andrew Scott Waugh (1810-1878) bautizó así el monte Everest. Mary Ellen, la hija mayor, se casó con el matemático Charles Howard Hinton (1853-1907), quien ganaría en un concurso de *frikismo* geométrico: escribió en 1884 un artículo llamado «¿Qué es la cuarta dimensión?». Le gustaba inventar palabras y estuvo rodeado de amigos muy originales. Redactó el prólogo de *Planilandia* de Abott y aparece citado cuatro veces en los cuentos de Borges. Como no podía ser menos, su hijo le siguió en creatividad. Sebastian Hinton se ganó la vida como abogado, pero eso no le impidió idear las barras de mono. Sí, las barras de mono las inventó el nieto de Boole. Durante un tiempo, las barras de mono se usaron para que los niños integrasen las coordenadas cartesianas en sus esquemas mentales. Se les daba una coordenada en los ejes *x-y-z* y, a partir de aquí, el chico o la chica tenía que ir a ese cubo. Nunca lo he visto, solo lo he leído, me encantaría asistir a un resurgimiento de las barras de mono versión matemática.

Hemos aprendido a movernos por las ramas y eso ha hecho que nuestro cerebro se adapte de un modo especial y espacial. Hoy ese movimiento lo podemos combinar con una mente matemática que, en realidad, no traía de serie el *Homo sapiens*, pero a la que podemos adaptarnos gracias a la gran flexibilidad neuronal de nuestra especie. El ser humano continúa evolucionando hoy de una manera que nunca se habría soñado; vamos acumulando conocimiento y lo vamos mejorando generación tras generación. Tomamos ideas y procedimientos de nuestros abuelos que luego aplicamos en contextos completamente distintos. Tal vez estemos asistiendo a la mayoría de edad de la ciencia en el siglo XXI. La ciencia marca unas claras diferencias entre ayer y hoy. Como comentábamos al citar el texto de *2001: una odisea en el espacio*, los inventos pueden ser tomados para bien del ser humano, pero también pueden mostrarnos su cara más perversa. Sin embargo, hoy vivimos más, con mejor salud y con mayor seguridad alimentaria que nunca.

Que no lo engañen, hoy sí se vive mejor que antes.

## **Parte II**
## Enderezando los renglones

Si está leyendo esta página, puede haber llegado a ella de dos formas diferentes: o directamente desde la introducción o después de haber leído los renglones torcidos. Esta parte consta de tres capítulos. El primero se titula *Las hormigas no son inteligentes; la colonia, sí.* Es una justificación de los diez capítulos de la primera parte del libro; se habla de un objeto tecnológico concreto diseñado por el ser humano en la segunda mitad del siglo XX y que está en continuo desarrollo. En el segundo capítulo, titulado *La antimateria le puede salvar la vida,* se explica de forma divulgativa cómo funciona dicho objeto tecnológico, con continuas referencias a la sección *Los renglones torcidos,* es decir, a los diez capítulos anteriores, que han servido de notas a pie de página. Si ya los ha leído, le recomiendo que cada vez que haya una nota les eche un vistazo de nuevo para recordar de qué iba aquello. Si no ha leído la primera parte, puede ir leyendo cada nota a la par que lee el texto o leerlo todo al final, como desee. En el tercer capítulo, titulado *No lo olvide,* se esboza un resumen a modo de conclusión que relaciona las notas a pie de página con la temática del libro.

# 1
# Las hormigas no son inteligentes; la colonia, sí

El 15 de mayo de 2015 se publicaba un artículo histórico en *Physical Review Letters*, con un título un tanto extraño para el no iniciado: «Combined Measurement of the Higgs Boson Mass in pp Collisions at $\sqrt{s} = 7$ and 8 TeV with the ATLAS and CMS Experiments». El artículo contiene 33 páginas, de las que apenas ocho y media conforman realmente el texto. Tras el contenido científico hay aproximadamente una página con referencias, cuarenta para ser exactos. Las 24 páginas y media restantes corresponden a una lista de nombres de personas, de universidades y laboratorios que participaron en el proyecto. Es decir, en el artículo, la lista de colaboradores ocupa el triple que el texto en sí. El número de autores que firman el artículo es nada menos que de 5.154.

Nos puede parecer que un artículo firmado por cinco mil autores es algo excesivo, sin embargo, en física de partículas es necesario combinar datos de distintos experimentos. En este caso se combinaron medidas de ATLAS y CMS. En la investigación científica referida a la física de alta energía no es que la colaboración juegue un papel importante, sino que es esta colaboración la que posibilita los resultados. Sin cooperación en este ámbito es prácticamente imposible que se puedan generar nuevos resultados relevantes. Pero podemos extrapolar la idea al resto de los terrenos científicos y no científicos producidos por la sociedad, con ciertos matices.

**Figura 10.** Dos de las páginas de autores del artículo de datos combinados ATLAS CMS. (commons.wikimedia.org/w/index.php?title=File:PhysRevC.100.044902.pdf&page=15)

La naturaleza está repleta de individuos que se desarrollan según la cooperación entre los miembros de su propia especie. El caso paradigmático es el de las colonias de hormigas. Cada hormiga tiene un papel bien definido; sin embargo, nadie le dice a cada una de ellas lo que tiene que hacer. Ver a una hormiga aislada, pululando de arriba abajo, puede ser un espectáculo lamentable, es más, incluso entran ganas de ayudarla y conducirla allí donde hay un trozo de salami. Pero, cuando se observa una colonia de hormigas trabajando en conjunto, todo cambia y no podemos más que maravillarnos. Este conocido ejemplo de las colonias de hormigas nos hace reflexionar sobre el concepto de «cooperación». Personalmente pienso que se trata de una de esas palabras manoseadas y tergiversadas. Como es habitual, si queremos acercarnos a una definición, lo primero es echar un ojo a ver qué dice el *Diccionario de la Real Academia Española*. Si buscamos *cooperación* en el DRAE nos remite a *cooperar* y, en esta entrada, aparecen dos acepciones que pueden inducir a interpretaciones:

**cooperar**
Del lat. tardío *cooperāri.*

1. intr. Obrar juntamente con otro u otros para la consecución de un fin común. *Varios países cooperan PARA erradicar el narcotráfico.*
2. intr. Obrar favorablemente a los intereses o propósitos de alguien. *Cooperaron con el enemigo. Si cooperas, te dejaremos en libertad.*

En los últimos años se han venido a reforzar connotaciones altruistas en el uso del término *cooperación*. La cooperación internacional entre países e instituciones es motivo de noticia en buena parte de los informativos. Sin embargo, buscar un fin común no tiene por qué significar necesariamente un fin altruista, como bien deja clara la segunda acepción de la entrada del DRAE («Cooperaron con el enemigo»). Un concepto ambiguo y polémico sobre el que se ha arrojado una cantidad enorme de tinta. Las discusiones pueden llegar a ser muy aburridas.

El caso del dilema del prisionero nos puede dar una idea de cooperación interesada o altruista, dependiendo de cómo se quiera ver. Este dilema es un clásico problema de teoría de juegos que muestra los beneficios de la cooperación. Un policía arresta a los sujetos A y B. Los aloja en habitaciones separadas y ambos reciben un trato igualitario en entrevistas también separadas y similares. Se les pregunta por un delito que hipotéticamente han cometido juntos. Si A confiesa el delito pero B no, A sale libre y B es condenado a diez largos años de cárcel. Lo mismo ocurre al revés, si B confiesa y A no, B sale libre y A es condenado a diez largos años de cárcel. Si tanto A como B confiesan, los dos son condenados a seis años de cárcel. Pero, si los dos niegan la culpa, solo son condenados a un año de cárcel. Si no conocía el dilema, es posible que se haya perdido, así que recapitulemos suponiendo que usted es A. Cuando el policía lo interroga tiene dos opciones con las siguientes consecuencias:

1. Usted niega haber cometido el delito. Hay dos posibles consecuencias:

   a) Su cómplice confiesa. Es usted condenado a diez años y él queda libre.
   b) Su cómplice también niega. Ambos son condenados a un año.
2. Usted confiesa haber cometido el delito. Hay dos posibilidades:
   a) Su cómplice también confiesa. Ambos son condenados a seis años.
   b) Su cómplice lo niega. Usted queda en libertad y él es condenado a diez años.

| **Dilema del prisionero** | | **B** | |
|---|---|---|---|
| | | **Confiesa** | **Niega** |
| **A** | **Confiesa** | A y B: 6 años. | A: libre.<br>B: 10 años. |
| | **Niega** | A: 10 años.<br>B: libre. | A y B: 1 año. |

Es fácil ver que la única forma de librarse por completo es delatar al compañero y confiar en que este no haga lo mismo. Lo que se llama una jugarreta, que puede salir mal, porque, si su compañero lo delata, los dos van a la cárcel durante seis años. Peor sería pecar de pardillo, no delatar y que delate el otro: te tragas diez años de cárcel. La estrategia menos arriesgada se basa en la cooperación, en que los dos nieguen, y entonces solo se tendrá un año de cárcel. Pero claro, ninguno sabe lo que va a decir el otro.

En el mundo natural hay cooperación inconsciente de manera habitual. Piense usted en su microbiota, es decir, todos esos microorganismos que conviven con usted y que son beneficiosos (por ejemplo, los del tracto digestivo). Aquí hablamos de individuos de distintas especies, pero ya hemos mencionado el caso de las hormigas, individuos de una misma especie que buscan un «fin común». Ahí es donde está el punto flaco de la definición de la palabra *cooperación* para algunas personas. ¿Cuál es el fin común de un hormiguero?, ¿y el de un termitero? El caso del termitero parece todavía más sorprendente que el del hormiguero. El biólógo francés Pierre-Paul Grassé (1895-1985) observó que las termitas tenían un comportamiento muy direccionado por los cambios del entorno. De este modo, si una obrera ha dejado tierra en un sitio, otras obreras dejarán tierra en el mismo lugar. Esta pila se convertirá en una columna que, curiosamente, da las condiciones de habitabilidad adecuadas al hongo que hacen crecer en su interior para su propio alimento. Estas columnas parecen obra de un ingeniero, pues el flujo de aire y la temperatura son realmente óptimos. Grassé bautizó esta forma de interactuar como *estigmergia*, algo así como una cooperación indirecta. Aquí es donde empieza a rechinar el uso de *cooperación*, así que, si no le gusta la palabra, cámbiela en lo que sigue por *colaboración*. En cualquier caso, esta cooperación indirecta entre termitas es capaz de producir una estructura que supera con creces la comprensión de cada uno de los elementos que interactúan. Volviendo a la hormigas y en palabras de Peter Miller, «las hormigas no son inteligentes; la colonia, sí».

Este último punto es el que me parece más importante. Usemos cooperación o colaboración, ambos conceptos me parecen útiles cuando el trabajo entre más de un individuo lleva a metas imposibles o muy difíciles para uno solo. Se suele decir que «la unión hace la fuerza», una expresión que convive con otra que parece antagónica, «divide y vencerás». Si lo ve como antagónico, es porque no ha comprendido que esa forma de dividir no es más que repartir el trabajo para luego sumarlo mediante esa unión que hace la fuerza. En este sentido existe una cooperación real entre científicos. Es cierto que ha habido y hay fuertes tensiones competitivas, pero, si hemos llegado hasta donde estamos hoy, es porque la cooperación ha vencido a la falta de ella. La cooperación es el motor no solo de los termiteros, sino también de muchas otras especies, incluidas la nuestra. Si el ser humano hoy vive en ciudades, es gracias a la cooperación; si no fuese por ella, estaríamos cada uno en una cueva separada. Es más, si los organismos pluricelulares existimos, es porque en algún momento de la historia de la vida ciertas células «decidieron» cooperar para formar una comunidad, anteponiendo el bien de esta al interés propio. Este libro que está leyendo es fruto de la cooperación, no solo de las personas que aparecen en la lista de agradecimientos, sino de todos aquellos que hacen posible su publicación y de todas las personas del pasado que han cooperado de manera indirecta con él (científicos, ingenieros, historiadores, etc.).

En la historia de la humanidad, además de una colaboración horizontal, coincidente en el tiempo, también existe una colaboración vertical, de científicos del pasado con científicos del presente y, a su vez, de científicos del pasado y presente con científicos del futuro. Hoy colaboramos con personas que aún no han nacido. Con las termitas pasa algo parecido, pues la construcción de una columna del termitero conlleva varias generaciones de termitas. En los dos casos se trata además de una colaboración descentralizada, no hay una mente superior que indique a los científicos el camino que hay que seguir para desarrollar una teoría científica, de la misma forma que no hay una termita capataz que ponga a desfilar a sus obreras. Algo distinto es el caso de un objeto tecnológico. Por ejemplo, la construcción del Saturno V y de los vehículos que se mandaron con él a la Luna fue el fruto del trabajo de unas trescientas mil personas durante varios años. En este caso sí hubo una mente brillante que dirigía el proyecto a nivel tecnológico, el ingeniero Wernher von Braun (1912-1977), creador de los desgraciadamente famosos cohetes V2 de la Segunda Guerra Mundial. Había una consciencia de la estructura global, lo que no ocurre en las columnas de las termitas. Pero sí tenemos dos analogías: se trata de una colaboración (tanto horizontal como vertical) y ninguno de sus integrantes por separado sería capaz de comprender todos los constituyentes de la estructura. El modulo lunar, por ejemplo, estaba constituido por un millón de piezas, ¿de verdad había algún ingeniero que se las conociese todas?

Nada se ha dicho aquí de la motivación que lleva a los científicos y a los ingenieros a colaborar para conseguir explicar un fenómeno o para llevar a cabo un proyecto tecnológico. Cada uno tiene su motivación intrínseca (por placer, por superación, etc.) y su motivación extrínseca (sueldo, prestigio, etc.), pero ninguna motivación cancela el hecho de que existe la colaboración. Frases como «él lo hace por dinero» son falacias a la hora de negar la evidencia de la colaboración. No importan los motivos, cuando se trabaja por un fin común hay colaboración. En este párrafo he usado adrede *colaboración* en vez de *cooperación.*

Cuando unimos todos los descubrimientos científicos y tecnológicos a lo largo de la historia nos pueden salir distintos resultados, las combinaciones son ilimitadas.[1] Uno de los objetos tecnológicos que ha revolucionado la vida del ser humano desde un humilde segundo plano es la Tomografía de Emisión de Positrones (PET según las siglas en inglés), utilizada en física médica tanto para el diagnóstico como para el estudio de la evolución de los tratamientos. El PET es fruto de la colaboración de miles de personas del pasado que han ido dejando su grano de arena de forma descentralizada, formando columnas enormes que algunas mentes privilegiadas han sabido interpretar y reformar para un fin común concreto: la salud del ser humano.

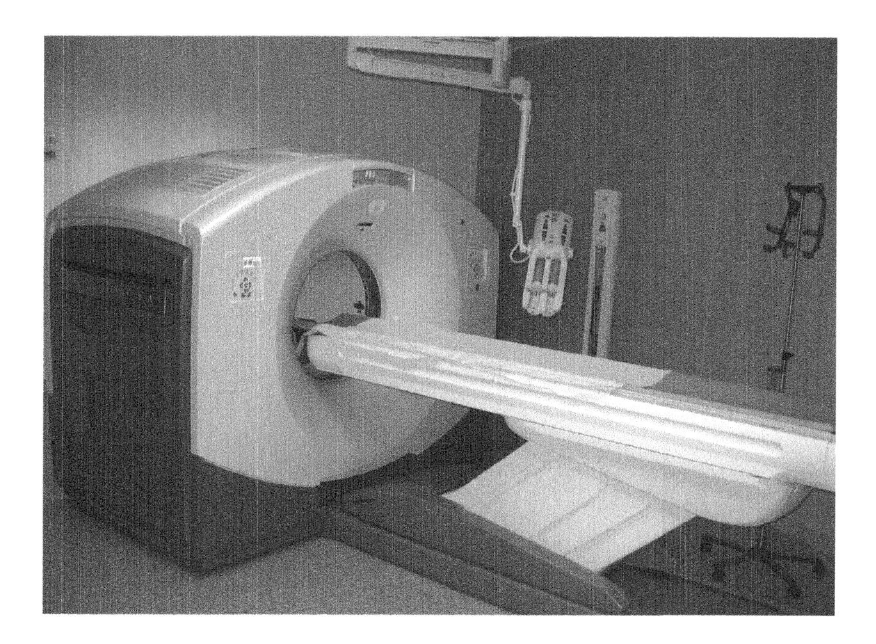

**Figura 11.** PET-TC.

[1] Sobre combinaciones, es interesante el libro *Stomachion* de Arquímedes, un juego que permite infinidad de configuraciones. Puede leer más en la página 25 y siguientes.

# 2
# La antimateria le puede salvar la vida

Una máquina PET es un instrumento muy complejo de alta tecnología. De manera general, la técnica se combina con una tomografía computarizada; en este caso, hablamos de PET-CT. Es utilizado para multitud de aplicaciones, aunque nos centraremos ahora en su funcionamiento básico y su aplicación en casos médicos concretos. Se trata de un procedimiento de frecuente uso en medicina nuclear para tomar imágenes tomográficas de cualquier parte del cuerpo y conocer así distintos procesos fisiológicos o la actividad metabólica. La exploración PET se realiza con la ayuda de isótopos radiactivos[2] de vida media corta o muy corta. Estos isótopos son administrados al paciente de algún modo, habitualmente incorporándolos a biomoléculas. Se puede seguir el rastro de estas moléculas de distintas formas, aunque la idea de fondo en todos los tipos de exploraciones es la detección de dos fotones[3] provenientes de la aniquilación de un par electrón-positrón y la posterior construcción de imágenes. El PET está indicado especialmente en oncología, neurología y cardiología.

---

[2] Se definen los isótopos en la página 81 y en la página siguiente se da el ejemplo de los isótopos de hidrógeno. Sobre los isótopos naturales del uranio se cuenta una historia muy curiosa en las minas de Oklo, página 45.

[3] Un fotón es lo menos que se despacha en luz. El concepto de «fotón» fue decisivo para desarrollar la mecánica cuántica a partir de la propuesta de cuanto de luz por parte de Planck. Sobre esto puede leerse en la página 55 y ss.

Respecto al cáncer, no muestra una eficacia idéntica en todos los tipos de este.[4] El uso del PET también es ideal para evaluar el estado metabólico de los tumores[5] una vez iniciado un tratamiento concreto. En 2011, MUFACE (Mutualidad General de Funcionarios Civiles del Estado) publicó la «GUÍA PET-TC Protocolo de Prescripción» con el siguiente objetivo: «conocer las indicaciones apropiadas de la PET-TC (Tomografía por Emisión de Positrones-Tomografía Computarizada) en base a la evidencia científica actual para que sirva de herramienta de ayuda a los facultativos a la hora de tomar decisiones en la práctica asistencial y sea útil en la gestión de las prestaciones que realizan las Entidades y MUFACE, y a la vez establezca los criterios para la cobertura de este procedimiento diagnóstico especialmente a efectos de financiación». La técnica PET-TC no es precisamente barata, así que está justificado que las mutuas establezcan protocolos para no prescribir exploraciones PET como si fuesen aspirinas. Tras una minuciosa revisión de la literatura, el equipo de trabajo llega a unas conclusiones que están al alcance de cualquiera, tenga o no conocimientos médicos. Se diferencian las conclusiones por situaciones clínicas (algunas no vienen contempladas en las indicaciones del radionúclido utilizado, pero se ha visto que el uso es apropiado):

- Diagnóstico inicial. Recomendado en tumores de cabeza y cuello, tumor primario del sistema nervioso central (SNC) y sarcomas. Propuesto en tumores de vías biliares.
- Estadificación inicial (para ver la extensión y gravedad del tumor una vez que se está diagnosticado por alguna vía). Recomendado en cáncer de cérvix, GIST, sarcomas y tumores de vías biliares. Propuesto en tumores de útero, ovario, riñón, testículo y hepatocarcinoma.
- Planificación de radioterapia. Recomendado en tumores de cabeza y cuello, cérvix, pulmón, y tumor primario del

[4] El estudio del cáncer ha sido posible gracias al conocimiento profundo de las células. Sobre su descubrimiento puede leerse la página 106 y ss. Sobre el origen de los términos *cáncer* y *leucemia* puede leer la página 106 y ss.

[5] Léase la hipótesis de Warburg en la página 107.

SNC. Propuesto en cáncer de útero, esófago, páncreas y linfomas.

- Monitorización de respuesta al tratamiento. Recomendado en tumores de cabeza y cuello, linfomas, GIST, cáncer de pulmón de células no pequeñas y sarcomas. Propuesto en cáncer de cérvix, colorrectal, esófago, estómago, ovario, cáncer de pulmón de células pequeñas, tumor primario del SNC, testículo y tiroides.

El texto sigue recomendando y proponiendo el uso en distintos casos para su uso en valoración del pronóstico, re-estadificación, seguimiento y recidivas. A partir de aquí siguen los criterios generales de cobertura, texto que dejamos a los facultativos interesados. Téngase en cuenta que estos criterios de MUFACE no tienen por qué ser los mismos que los de la Seguridad Social y de otras mutuas, además de que están en continua revisión dada la investigación constante.

En neurología se está extendiendo el uso del diagnóstico de la enfermedad de Alzheimer y se está avanzando para usarlo en el caso de la enfermedad de Parkinson.[6] También se ha utilizado el PET en la enfermedad de Pick, la demencia vascular y la demencia de cuerpos de Lewy. En cardiología se está empezando a presentar un abanico prometedor de posibilidades con el uso del PET para el estudio de enfermedades coronarias y en cirugía cardíaca, si bien queda mucho camino para que su práctica sea tan común como en el caso de la oncología.

## La evanescente antimateria

El positrón es la antipartícula[7] del electrón;[8] por tanto, se aniquilarán mutuamente si se encuentran en determinada zona del es-

[6] La historia de los descubrimientos de las enfermedades de Alzheimer y de Parkinson es muy interesante. Puede leerse en el capítulo *Todos duermen*, página 111 y ss.

[7] La antimateria fue predicha de forma teórica; para saber más vaya a la página 85.

[8] En la página 43 y ss. puede profundizarse en el descubrimiento del electrón.

pacio. Para ello, el positrón debe haber perdido algo de energía cinética, de lo contrario, el electrón no lo podrá atrapar y no se producirá la aniquilación. El resultado de la aniquilación de un par electrón-positrón son dos fotones que viajan en la misma dirección, pero en sentidos opuestos. Cada uno de estos fotones llevará asociada una energía típica de 511 keV. Suele representarse la reacción de aniquilación del siguiente modo:

$$e^{+} + e^{-} \rightarrow \gamma + \gamma$$

Si tuviésemos un aparato para detectar fotones, sería fácil –en teoría– observar los dos fotones emitidos por un par, puesto que tienen una energía definida y ambos son detectados en una línea recta. Supongamos que estos dos fotones han sido generados en el interior de nuestro organismo, al detectarlos sabríamos dónde se han producido. Estamos «marcando» el lugar de producción, es por esta razón que se llama *marcadores* o *trazadores*[9] a cualquier sustancia a la que se le pueda seguir el rastro, sea cual sea el método. Si estos marcadores se usan en nuestro cuerpo, reciben a veces el nombre genérico de *biomarcadores*. Los trazadores se pueden introducir en moléculas que son capaces de formar parte de nuestro metabolismo, estamos entonces hablando de *radiofármacos*. Los radiofármacos son medicamentos que contienen un radionúclido (el marcador) con la capacidad de emitir algún tipo de radiación.[10] De entre los tres tipos de desintegraciones radiactivas ocurridos en el núcleo,[11] nos interesa el decaimiento beta positivo. Los trazadores incorporados en los medicamentos suelen sufrir decaimiento beta positivo, lo cual significa que se emiten positrones. Como se ha dicho arriba, estos positrones pueden aniquilarse con electrones y producir pares fotónicos susceptibles de

[9] En la página 86 se cuenta la historia de Hevesy y los marcadores biológicos, en el capítulo *Hamburguesas radiactivas*.

[10] Aunque ambos conceptos están relacionados, no debe confundirse radiación con radiactividad. Sobre la diferencia puede leerse la página 79 y ss.

[11] Decaimiento alfa, decaimiento beta positivo y decaimiento beta negativo. Puede acudir a la página 84 para ampliar información sobre los tipos de radiación que puede emitir un núcleo radiactivo.

ser detectados. Los positrones se generan en cualquier parte de nuestro organismo por donde discurra el radiofármaco, así que, de forma anticipada, podemos pensar que todo nuestro cuerpo va a producir pares fotónicos, pues los positrones se aniquilan con los electrones de nuestro cuerpo. Sin embargo, el radiofármaco se administra de tal forma que el medicamento que contiene es una molécula que va a ir a una parte concreta de nuestra anatomía. Veremos, por tanto, los fotones emitidos en esa zona.

Los radiofármacos, por ende, son moléculas que se han ingresado en el cuerpo del paciente y que contienen algún isótopo radiactivo. Vamos a centrarnos en el F-18 (flúor).[12] El flúor ocupa la posición más alta en el grupo 17, la columna de los halógenos, anterior a los gases nobles. El número másico[13] del F-18 es 18, es decir, tiene 18 nucleones en el interior de su núcleo. Este átomo tiene número atómico 9, lo que significa que su núcleo alberga 9 protones. Como el número másico es 18, tendrá 9 neutrones. El núcleo del F-18 es inestable[14] y buscará la forma de encontrar estados de mayor estabilidad. La forma preferida es la emisión de positrones (decaimiento beta positivo), pero esto ocurrirá el 97 % de las veces, el 3 % restante se producirá un proceso de captura electrónica. En ambos casos, el núcleo pierde un protón y gana un neutrón; por tanto, el flúor se convertirá en el elemento de la tabla periódica inmediatamente anterior, aquel que tenga 8 protones. Si miramos justo a la izquierda, vemos que se trata del oxígeno. Como el protón ha sido sustituido por el neutrón, el número de partículas en el núcleo sigue siendo el mismo, es decir, el número másico del oxígeno será 18. El esquema es el siguiente:

$$^{18}_{9}F \rightarrow ^{18}_{8}O + e^{+} + \nu_{e}$$

[12] Sobre el descubrimiento del flúor se puede leer algo a cerca de su descubrimiento en la página 71 y ss.

[13] Si no recuerda qué son el número másico, atómico y demás magnitudes del átomo, puede retomarlo en la página 81.

[14] En la página 82 se aporta un símil para comprender la inestabilidad de los núcleos atómicos.

Por tanto, un radiofármaco que se haya marcado con F-18 emitirá positrones, neutrinos y se convertirá en O-18 (oxígeno). Lo que observan los detectores no es la antimateria (positrones), sino los fotones formados al aniquilarse esta antimateria con la materia análoga de nuestro organismo. El F-18 se suele introducir en una molécula de glucosa para formar la fluorodesoxiglucosa, también conocida como FDG. Se utiliza esta molécula porque será atrapada preferentemente por las células cancerosas. En casos como en neurología y cardiología se utilizan otras moléculas distintas, aunque también marcadas con trazadores. En el caso del Alzheimer se utilizan radiofármacos tales como el PIB o el flutemetamol marcado con F-18, mientras que en el caso del Parkinson se usa el precursor de dopamina fluorodopamina marcada con F-18.[15] En las siguientes líneas nos centraremos solo en la FDG, usado para el caso del cáncer.

La vía de entrada de la FDG es una proteína transportadora llamada BLUT-1, la cual está sobreexpresada en tumores, debido a su alto consumo de glucosa.[16] Desde el punto de vista metabólico la molécula de FDG (2-fluoro-2-desoxi-D-glucosa) puede parecer idéntica a un derivado de la glucosa llamado 2-desoxi-D-glucosa (2-DG). La 2-DG tiene sustituido el radical 2-hidroxilo por un hidrógeno. Este detalle nimio le impide entrar en la ruta completa de la glucólisis, pues se queda atrapada en el citosol tras la acción de la enzima hexoquinasa.[17] Con la FDG ocurre algo completamente análogo, pero con una diferencia sutil e importante: el flúor de la posición 2 es F-18 radiactivo con decaimiento beta positivo. Eso significa que emite positrones que pueden aniquilarse con electrones cercanos y que pueden ser usados como marcadores. La clave está, por tanto, en que la glucólisis se detiene. Pero esto

[15] Sobre algunos aspectos históricos y los fundamentos de las enfermedades neurodegenerativas de Alzheimer y Parkinson, puede leerse el capítulo íntegro *Todos duermen*, página 111. La fluorodopamina juega un papel parecido a la L-Dopa respecto a la ruta metabólica seguida.

[16] Sobre la molécula de glucosa se habla largo y tendido en las página 94 y ss. Se trata el descubrimiento de la glucólisis y algún aspecto de dicha ruta metabólica en las página 96 y ss.

[17] La hexoquinasa se cita en el texto de la glucólisis, página 97 y siguiente.

ocurre durante un tiempo, pues el F-18 decae en O-18 y es entonces cuando puede continuar la glucólisis. Así que el único paso de la ruta metabólica de la glucosa que tiene lugar en este caso es el correspondiente a la intervención de la enzima hexoquinasa. Se forma por tanto FDG-6-Fosfato radiactivo, que es el que puede ser detectado. Cuando el F-18 decae en O-18, este capta un catión hidrógeno y se convierte en el usual G-6-Fosfato, pudiendo terminar cualquiera de las rutas metabólicas de la glucosa que puedan darse en el interior de la célula. La radiactividad ha desaparecido y todos tan contentos.

La forma más común de producir F-18 es a partir de una reacción nuclear con O-18, al que se le hace incidir un protón acelerado para producir un neutrón y F-18. El blanco bombardeado en el ciclotrón es agua enriquecida con el isótopo O-18. El producto es el anión radiactivo $8F^-$, altamente reactivo, por lo que a partir de aquí se obtiene la FDG por métodos químicos y físicos. No existe un solo procedimiento y la multitud de sustancias y elementos usados para la obtención de FDG es enorme. Se usan elementos tan poco habituales como, por ejemplo, el tantalio.[18] El primer paso hacia la síntesis de la FDG ocurrió en la República Checa. La descripción se debe a Josef Pacák, Zdeněk Točík y Miloslav Černý, del Departamento de Química Orgánica de la Universidad de Carolina. Sin embargo, la FDG marcada con F-18 la produjo por primera vez Tatsuo Ido, en el Laboratorio Nacional de Brookhaven, en Estados Unidos, en la década de 1970. El año 1976 tal vez será el más importante en este sentido, pues Abass Alavi realizó la primera prueba en dos personas voluntarias y demostró así su viabilidad.

El PET genera imágenes de la actividad celular utilizando como medida el conocido como SUV (*Standardized Uptake Value*), es decir, el valor de captación estándar. Lo que realmente mide el SUV es el nivel de actividad de una zona del cuerpo respecto a otras. Se trata, por tanto, de un análisis semicuantitativo. Si la

[18] En realidad se usa un compuesto del tantalio, el etóxido de tantalio, de fórmula $Ta_2(OC_2H_5)_{10}$. Sobre el descubrimiento del tantalio puede consultarse la página 73 y siguiente.

lectura es SUV igual a 1, tendremos una actividad celular normal. Por contra, lecturas superiores a 2,5 pueden indicar actividades cancerosas, mientras que menor es a este valor se asocian a tumores benignos. Dicho en otros términos, el SUV mide qué célula «come más», aunque en este caso hablamos de glucosa. Pongamos un ejemplo para dejarlo más claro. Tengo dos hermanas gemelas y nuestra madre ha contado más de una vez una anécdota. Parece ser que, cuando eran bebés, una empezó a coger más peso que otra, algo inexplicable si las dos tomaban el pecho por igual. Sin embargo, el pediatra hizo notar que tal vez se le diese más de comer a una que a la otra. Efectivamente, así fue. El peso de las bebés hizo el papel de SUV al mostrar que había un desequilibrio entre las tomas. Por cierto, todo se arregló con unas pulseras identificativas.

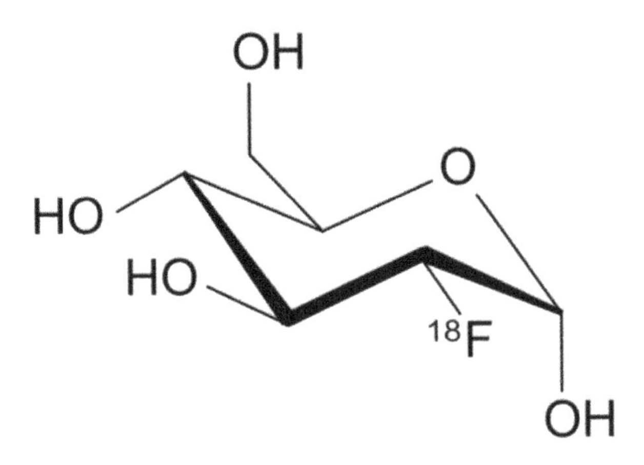


**Figura 12.** Fluorodesoxiglucosa. La FDG es una molécula que le puede salvar la vida.

## Detección de los fotones

Para la detección de fotones se usan complejos sistemas electrónicos que habrían sido imposibles sin la evolución tecnológica ocurrida durante el siglo XX.[19] Los sistemas de detección de fotones no eran nuevos cuando se incorporaron al PET; sin embargo, han sufrido mejoras desde que se produjo dicha incorporación. La parte del PET encargada de detectar los fotones recibe el nombre de *cámara PET*. En ella, los detectores forman un anillo. Los detectores se componen de dos partes: el centelleador y el fotomultiplicador. Los detectores se conectan a amplificadores y estos envían las señales al *software*, tras haber recibido un tratamiento electrónico de amplificación y discriminación de señales espurias.

En un PET no hay un centelleador, sino que hay varios centelleadores formando un sistema modular. En cada módulo hay un centellador rodeado de varios tubos fotomultiplicadoes (PMT). Un centelleador es un cristal capaz de emitir fotones de luz visible cuando impactan contra ellos fotones gamma. Los tubos fotomultiplicadores que rodean el centelleador están conectados a este mediante contacto óptico, para que puedan ser alcanzados por los fotones de luz visible. El material del que están hechos los fotomultiplicadores tiene la capacidad de producir efecto fotoeléctrico. Es decir, los fotones de luz visibles que envía el centelleador a un fotomultiplicador arranca electrones en este último. Estos electrones pasan por un tubo donde producen una cascada de electrones y, con ella, una corriente eléctrica que es recogida por la electrónica del sistema y envía las señales adecuadas al equipo informático.

Hay cuatro tipos de centelleadores asociados a los PET, todos ellos centelleadores de tipo inorgánico: NaI(Tl), BGO, LSO(Ce) y GSO(Ce). Los centelleadores tienen la capacidad de absorber fotones en una frecuencia y emitirlas (fluorescencia) en una frecuencia más baja; es un fenómeno denominado *quenching*. Ciertos cristales producen mejor fluorescencia si se le introducen átomos de elementos concretos. Así, el yoduro de sodio en sí no es

[19] Algunas curiosidades sobre el nacimiento de la electrónica se hallan en la página 123 y ss., en el capítulo *Las barras de mono*. Se cita la emergencia del diodo, el triodo, los semiconductores y los transistores.

interesante, sin embargo el yoduro de sodio dopado con talio[20] fue uno de los primeros centelleadores usados para el PET. El más usado es el segundo que hemos listado arriba, el germanato de bizmuto, de fórmula química $Bi_4Ge_3O_{12}$ (BGO).[21] Los dos últimos están dando muy buenos resultados en la aplicación a las cámaras PET, ambos patentados a finales del siglo XX: ortioxosilicato de lutecio dopado con cerio $Lu_2SiO_5$:Ce (LSO) y orioxosilicato de gadolinio dopado con cerio $Gd_2SiO_5$:Ce (GSO).[22] El estudio de este conjunto de centelleadores se basa en la teoría de bandas[23] y, entre otras herramientas, se utiliza con frecuencia el método de Monte Carlo.[24]

Sin embargo, los detectores no lo tienen tan fácil, pues se producen otros eventos que no nos permiten detectar con la suficiente calidad los fotones provenientes de la aniquilación de un par. La interacción de los fotones con la materia puede producir diversos efectos, aunque los que están dentro de las energías que afectan a los centelleadores son:

1. Efecto fotoeléctrico.[25]
2. Efecto Compton.[26]
3. Producción de pares.

La combinación de estos y otros efectos no solo produce ruido, sino que puede dar falsas coincidencias, es decir, se pueden detectar dos fotones a la vez y ser confundidos con fotones provenientes de la aniquilación verdadera de un positrón de nuestro radiofár-

[20] El descubrimiento del talio está ligado a la espectroscopia y se trata en la página 75.

[21] El descubrimiento del germanio se describe en la página 74 y, su uso para los semiconductores, en la página 131.

[22] Sobre el descubrimiento del cerio, página 72. En general, se habla de algunos elementos importantes para el desarrollo del PET en el capítulo *Aquí está Rodas*, página 69 y ss.

[23] Véase la página 131 para leer una explicación cualitativa de la teoría de bandas.

[24] En la página 27 se cuenta la historia del nacimiento del método de Monte Carlo, usado para trabajar con muchos número generados de forma aleatoria.

[25] Sobre el efecto fotoeléctrico puede leer la página 54 y siguiente.

[26] Sobre el efecto Compton puede leer la página 56.

maco. Por ejemplo, algunos fotones producidos por distintos motivos pueden sufrir una desviación y coincidir en la misma línea de detección que otro fotón que se produjo en otro lugar. Estos dos fotones podrían parecer los fotones producidos por la aniquilación, pero no lo son. Esta dispersión puede producirse una, dos o más veces; sin embargo, se ha demostrado mediante el método de Monte Carlo que el 80 % de los fotones producidos solo sufren una dispersión. Para poder discernir unas señales de otras se ha trabajado durante años y aún se sigue haciendo. La mejora en la detección de las coincidencias se basa en dos pilares: mejores detectores y mejores algoritmos informáticos que traten los datos. Los detectores deben estar dotados de sistemas para poder discernir todas estas señales que le llegan de manera adecuada. En la actualidad no hay malos detectores, pero no son más que un tránsito hacia cristales de mucha mejor calidad, pues la investigación en este campo es descomunal. Otra forma de mejorar la detección de coincidencias es alargar el tiempo de exposición del paciente en la máquina PET, lo cual supondría una mayor dosis y sus posibles consecuencias.

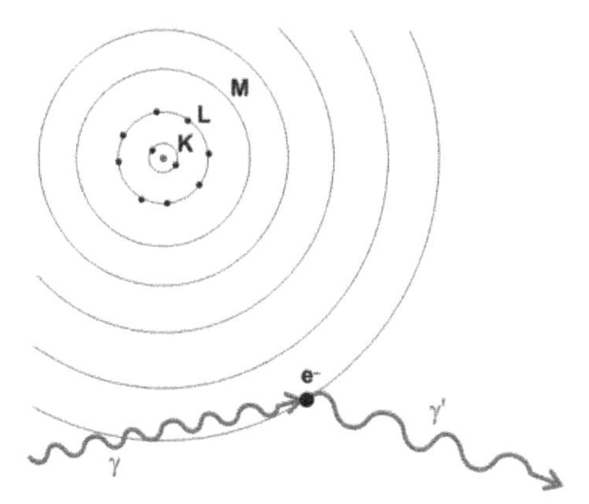


**Figura 13.** En el efecto Compton, un fotón cambia su longitud de onda al chocar con un electrón. Esto puede dar errores de lectura.

## Una mirada a tu interior

Lo que se consigue con un PET-TC es mirar a nuestro interior, ya sea para estudiar nuestro metabolismo o para tomar una imagen estática. Con el fin de ver esta imagen se ha tenido que convertir la señal analógica que detectan los centelleadores a una señal digital y luego combinarla con la lectura de los rayos X de la tomografía computarizada. Pero a nivel matemático hay algo más complicado. Un tomógrafo toma imágenes de nuestro cuerpo mediante un fileteado, es decir, es como si nos cortara en delgadas lonchas y fuese viendo cada una de ellas. El problema es que tenemos eventos que se detectan en un plano (2D) y necesitamos convertirlos a una imagen en el espacio (3D). La solución a este problema la dio el matemático austríaco Johann Radon (1887-1956)[27] mucho antes de que pudiéramos pensar en la tomografía. Radon publicó un artículo en 1917 que supone un paso importante al construir una función tridimensional a partir de un conjunto de proyecciones bidimensionales. Esta operación recibe el nombre de *transformada de Radon* o *sinograma* y está relacionada con las *transformadas de Fourier*. Según estas últimas se demuestra que podemos reconstruir un objeto bidimensional si tenemos disponibles infinitas proyecciones unidimensionales desde infinitos ángulos. Un resultado extrapolable a 3D. En una tomografía no se tienen infinitas proyecciones, pero sí un número adecuado que ofrece una buena relación de capacidad de cálculo-resolución. Un término interesante en este contexto es el de *vóxel*, el equivalente al píxel pero para 3D. El vóxel es, por tanto, la unidad cúbica mínima que compone un objeto tridimensional; de *vox* (volumen) y *el* (elemento). Los vóxeles no solo se usan en medicina, sino también en áreas lúdicas como pueden ser el cine o los videojuegos. Efectiva-

[27] Para llegar a este punto, el ser humano ha debido pasar por un largo recorrido en la historia de las matemáticas, desde los babilonios y los griegos hasta hoy. El estudio de las figuras geométricas ha permitido conocer mejor la naturaleza, y el interés por disfrutar de las matemáticas se ha traducido en un mejor acercamiento al mundo natural. Sobre estos aspectos se habla en el capítulo *Dar cera, pulir cera*, página 19 y ss.

mente, las aplicaciones de las transformadas de Radon van más allá de la imagen médica: astronomía, cristalografía, microscopía electrónica, geofísica, óptica y ciencia de materiales. Pero no fue hasta 1935 que Gustave Grossman propuso la tomografía. Y, a principios de la década de 1970, Godfrey Hounsfield dirigió un proyecto para combinar los rayos X[28] con la tecnología de computadoras digitales. Fue el pistoletazo de salida de la tomografía computarizada (CT).

## Breve historia del PET

Desde que Livingston y Lawrence construyeran el primer ciclotrón circular para el estudio de física de partículas en la década de 1930 se han realizado mejoras que ellos mismos no reconocerían. El primer prototipo operaba con una energía de 80 keV, un asombroso contraste si pensamos que en 2015 se consiguió en el CERN una energía de 13 TeV, más de ciento cincuenta millones de veces superior. Evidentemente, los ciclotrones médicos de la actualidad no necesitan trabajar con las energías de Ginebra. El primer ciclotrón médico fue construido en 1935 por Lawrence y su hermano John. En 1939 entró en operación con el fin de fabricar isótopos emisores de deuterones para la terapia del cáncer. Un dispositivo de 1,5 metros cuyo tamaño se fue optimizando con el tiempo. Los propios creadores advirtieron de la necesidad de manejar el aparato con precaución. Pero el ciclotrón de Lawrence tenía más aplicaciones, no solo acelerar partículas por acelerar. Emuló el experimento de Joliot-Curie y su marido en su artefacto, es decir, produjo isótopos de manera artificial. En una visita de Emilio G. Segrè a Berkeley consiguió que Lawrence le cediese material radiactivo de desecho de sus experimentos con el ciclotrón. Segrè se lo llevó a la Universidad de Palermo, en Sicilia, y allí demostró que se trataba de un elemento nuevo con número atómico 43. Se trata del primer elemento producido de

[28] Algo acerca del descubrimiento de los rayos X puede verse en la página 79 y ss.

manera artificial. Aunque los descubridores quisieron llamarlo *panormio* (Palermo en latín es *Panormus),* el nombre final fue *tecnecio* (Tc), pues *technètos* en griego significa *'artificial'*. Hoy el Tc-99 es un radioisótopo que se utiliza en varios millones de procedimientos médicos anuales, y en los ciclotrones se fabrican varios radioisótopos útiles, por ejemplo: Tc-99, I-123, F-18, Cr-51, Co-57, Y-90 y P-32. Ya se ha comentado en el capítulo anterior que algunos de estos radionúclidos pueden usarse como marcadores para el PET.

La primera aplicación médica basada en la aniquilación de positrones apareció en 1951 de la mano de dos equipos de trabajo diferentes. Por un lado, Gordon Brownell y George Sweet, que publicaron sus progresos realizados en el Hospital General de Massachusetts, Boston, en el que se considera como el primer artículo sobre el PET: «Localización de tumores cerebrales con emisión de positrones». El segundo grupo de trabajo estaba compuesto por Wrenn, Good y Handler. Aunque reportaron su trabajo de aniquilación de positrones, no publicaron nada más. Sin embargo, Brownwell y Sweet continuaron su investigación en esta línea.

En 1973, James Robertson construyó el primer tomógrafo de anillo, con 32 detectores. El mismo año, Michael Phelps construyó el primer tomógrafo PET, al que llamó *PETT I*. El acrónimo se debía a *Positron Emission Transaxial Tomography* (Tomografía transaxial de emisión de positrones), pero pronto se eliminó el término *transaxial* porque las imágenes podían reconstruirse en cualquier plano. Ese mismo verano construyó , junto con Edward J. Hoffman, la segunda versión, llamada en un derroche de originalidad *PET II*, en la que incluyó varias mejoras (usó 24 detectores de NaI(Tl) distribuidos hexagonalmente para la detección de coincidencias y optimizó tanto el filtrado de la información como los algoritmos utilizados). Rozando el culmen de la creatividad llamaron *PET III* a un modelo muy mejorado de 1974 y, en los siguientes años, se fueron refinando las características para obtener modelos con mejor resolución. Como se dijo antes, las líneas de optimización se han centrado en la introducción de más detectores, en la adquisición de nuevos centelleadores y en algoritmos de tratamiento de datos más potentes. Respecto a los centelleadores que se citaron arriba, en 1973, Weber publicó un artículo sobre la luminiscencia del BGO, cuando solo se usaba NaI(Tl). Nester y Huang caracterizaron las propiedades del BGO en 1975 y sugirieron su uso potencial en los estudios con PET. En 1978, Chris Thompson y su equipo desarrollaron el primer PET que usaba BGO.

El primer prototipo de la técnica combinada de tomografía de emisión de positrones y tomografía computarizada (PET-CT) lo pusieron en práctica David Townsend y Ronald Nutt en el Centro de Investigación Médica de la Universidad de Pittsburgh. En 2001 ya empezó a comercializarse de manera rutinaria y hoy llena nuestros hospitales, mientras que en la década de 2010 se han empezado a poner en funcionamiento los primeros PET-RMN (PET combinados con Resonancia Magnética Nuclear). Esto parece no tener freno.

## El día que nos hacen un PET

El día que nos hacen un PET es una jornada donde muchas personas trabajan para nosotros, no se trata de una única acción, sino que es un esfuerzo de equipo. Previamente, el oncólogo ha realizado la petición de la prueba, por lo que se dan instrucciones al equipo técnico. Diariamente llegan al centro médico las dosis necesarias de FDG o del radiofármaco indicado, que se han fabricado en un ciclotrón. Los ciclotrones están relativamente cerca de los hospitales y son propiedad de empresas privadas que tienen algún tipo de adjudicación. A fecha de 2016, España tenía 19 ciclotrones distribuidos por todo el territorio nacional. Por otra parte, en el hospital se han dado instrucciones para realizar las manipulaciones pertinentes en el PET; detrás de esto también hay varias personas.

Una vez que se ha recibido el radiotrazador en el hospital se realizan las gestiones oportunas para que al paciente (que ya ha pasado por varias manos para estar en una camilla) le sea administrado y pueda hacerse uso de él. Aunque detrás de la exploración puede haber perfectamente un centenar de personas; lo que ve el paciente son los siguientes pasos:

- Un enfermero o una enfermera procede a la administración del radiotrazador, habitualmente por una vía.
- El paciente permanece en reposo durante un tiempo que puede ir de treinta minutos a una hora. Esto es así para que la FDG se distribuya uniformemente por el cuerpo, que la actividad metabólica sea los más baja posible y que no se produzcan falsos positivos o enmascaramientos no deseados.
- Tras el tiempo de reposo, se acompaña al paciente hacia la máquina PET y un técnico le da instrucciones para que no se mueva durante la exploración, un punto muy importante.
- Se realiza la exploración. En los equipos actuales, la exploración de cuerpo completo puede durar de quince a treinta minutos. En algunos hospitales existe un protocolo en el que se hace una segunda prueba trascurridas de dos a tres horas, denominada *adquisición tardía*, y destinada a minimizar el número de falsos positivos.

Hay personas que pueden ponerse nerviosas por diversas fobias, por ejemplo, al introducirse en lugares pequeños. La máquina que realiza el examen tiene un gran anillo circular por el que va entrando todo el cuerpo y puede provocarnos esa sensación. Sin embargo, el PET es una técnica no invasiva y no provoca dolor, a no ser que no le guste la aguja del vial. La exploración se hace vestido con una bata de hospital, así que tal vez experimente incomodidad térmica al tumbarse en la mesa. Tras el examen no hace falta ningún tiempo de recuperación, a no ser que se le haya administrado al paciente algún relajante. A pesar de que se ha introducido en el cuerpo una sustancia radiactiva, la cantidad de radiación usada es baja (150 µCi por kilogramo de peso). Debido a la vida media del F-18 (110 minutos), la radiación desaparece del cuerpo en un intervalo de tiempo de dos a diez horas.

A partir de aquí, el doctor sacará las conclusiones que sean necesarias. Las imágenes muestran concentraciones de consumo de glucosa, lo cual permite detectar zonas de un consumo metabólico anormal. La parte informática del PET se ha encargado de pasar a imágenes este consumo teniendo en cuenta el mencionado SUV, por lo que se tiene una idea semicuantitativa de la situación. En el caso de los tumores se disparará el consumo, situación opuesta a zonas coronarias dañadas o afecciones neurológicas, donde el metabolismo glucémico baja o desaparece. Identificar cada tipo de enfermedad o afección a partir de las imágenes no es fácil, la técnica como diagnóstico puede tomarse como una confirmación o como punto de partida de una sospecha.

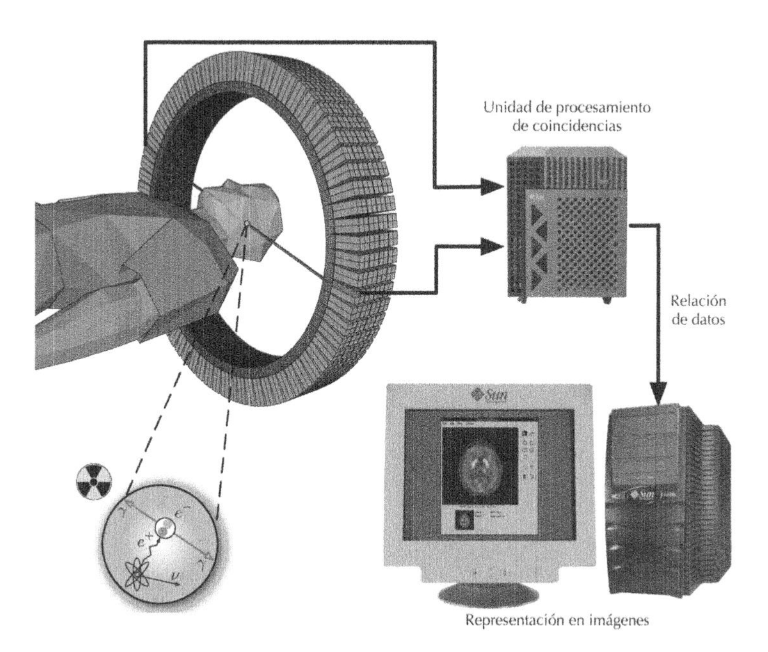


**Figura 14.** Esquema general de funcionamiento de un examen PET. Tras recibir el radiofármaco, se producen aniquilaciones positrón-electrón. Los fotones generados chocan en los detectores y la electrónica del aparato busca coincidencias. Se procede a la elaboración del sinograma y, posteriormente, a la transformación de la imagen. Autor: Jens Maus.

# 3
# No lo olvide

La historia tecnológica reciente del PET-CT debe abordarse desde cuatro puntos fundamentales: la emergencia de los ciclotrones (son los que fabrican los radionúclidos), la aparición de la tomografía computarizada (son los que nos dan las imágenes), el auge de los detectores y la invención del PET propiamente dicha.[29] Hay una larga lista de personas a las que tendríamos que agradecerles que puedan realizarnos un PET. Sin embargo, hemos visto durante todo este texto que hay más seres humanos implicados. Es prácticamente imposible escribir una lista con todos los científicos que de alguna manera, directa o indirecta, han participado en el desarrollo de esta tecnología y de otras similares. En este libro se han escrito historias siguiendo un criterio que debo confesar fruto del azar y de mi propia experiencia. Soy consciente de que se dejan fuera científicos muy importantes, pues, si no fuese así, este libro se convertiría en una enciclopedia y no lo leería nadie.[30]

---

[29] Un aspecto importantes son también la historia de la computación al completo; en este sentido es de destacar la gran aportación del álgebra de Boole, página 134. Y otro tema destacable es el surgimiento del electromagnetismo, que hoy en día es básico para la generación de energía eléctrica y para el funcionamiento de los aparatos eléctricos (véase el capítulo *El Newton de la electricidad*, página 59 y ss.).

[30] Anteriormente no se ha hecho notar la importancia que ha tenido el descubrimiento del átomo en la historia de la ciencia y, en consecuencia, para poder desarrollar todo tipo de tecnologías, entre ellas el PET. Se discute sobre el descubrimiento del átomo en el capítulo *El hombre que confiaba en los átomos* (página 33 y ss.) y sobre los modelos atómicos en el capítulo *La brevedad, gran mérito* (página 43 y ss.).

«Es de bien nacidos ser agradecidos», han dicho siempre los mayores. Circula un vídeo por Internet en el que se ve cómo a un enfermo le salvan la vida en un hospital. Un pariente da las gracias a Jesucristo y este se le aparece para decirle que no, que él no ha hecho nada, no ha intercedido, que debe darle las gracias a los doctores. Cada uno es libre de darle las gracias a quien quiera; si se siente bien rezando y pidiendo ayuda, adelante, es una opción, siempre y cuando no deje los tratamientos médicos. Pero el médico que ha operado a su hijo a corazón abierto creo que algo ha hecho. Démosle las gracias a él en primer lugar, es este señor el que ha salvado la vida de su pequeño. Claro, podemos empezar a hacer una lista interminable: también es gracias a los enfermeros y demás ayudantes del quirófano, gracias al personal de limpieza que mantiene desinfectado el quirófano, gracias al taxista que se dio prisa para llegar al hospital, gracias a los profesores de los sanitarios, gracias a todos los científicos que han dado un cuerpo teórico a los estudios de estos sanitarios, etc.

Es muy probable que algún miembro de su familia haya recibido los servicios de un PET. Ojalá haya servido para poder atajar una enfermedad. Esta última parte del libro no es más que una lista de algunas de las personas que han hecho posible que su familiar se haya salvado y pueda hablar con él. En la lista no se explica nada, solo se hace una selección de nombres y un pequeño paréntesis con la aportación. No es explicativo en sí; leer esta lista sin profundizar en las notas a pie de página puede ser enigmático y poco claro. Si no las ha leído, lo mejor es que vuelva aquí después de hacerlo. Todo cuadrará. Hay más, muchos más, pero alguna vez hay que cortar:

> Alzheimer (enfermedad que lleva su nombre), Ampère (electrodinámica y descubrimiento del flúor), Anderson (constatación de la existencia de los positrones), Arquímedes (física-matemática), Arrhenius (ytterbita), Babbage (padre de la computación), Bardeen (transistor), Barger (síntesis dopamina), Becquerel (descubrimiento de la radiactividad natural), Berzelius (etiqueta de elementos y compuestos), Bohr (modelo atómico), Boltzmann (el

hombre de los átomos), Boole (álgebra de Boole), Brattain (transistor), Brown (movimiento browniano y núcleo celular), Brownell (primera aplicación médica de aniquilación de pares), Buchner (espectroscopia), Chadwick (constatación experimental del neutrón), Charcot (nombre de la enfermedad de Parkinson), Compton (efecto Compton), Crookes (de Crookes y descubrimiento del talio), Curie (radiactividad), Dalton (modelo atómico), de Broglie (dualidad onda-corpúsculo), Dirac (antimateria), Eccles (término *diodo*), Edison (efecto termoiónico), Einstein (efecto fotoeléctrico, movimiento browniano y relatividad), Ekeberg (descubrimiento tántalo), Embden (hexoquinasas), Faraday (inducción electromagnética), Fleming (válvula de Fleming), Flemming (mitosis), Forest (triodo), Fullhame (catálisis), Funk (síntesis L-Dopa), Gadolín (godolinio), Goldstein (nombre de rayos catódicos), Guthrie (relación calor-carga eléctrica), Hevesy (radiotrazadores), Hillarp, (dopamina como neurotransmisor), Hooke (descubrimiento células), Joliot-Curie (radiactividad artificial), Kraepelin (nombre de la enfermedad de Alzheimer), Kühne, Friedrich (nombre de *enzima*), Lamy (prueba del descubrimiento del talio), Lawrence y Livingston (primer ciclotrón), Lewis (nombre de *fotón* y comienzo de la teoría del enlace de valencia), Lorentz (fuerza de Lorentz usada en ciclotrones), Metropolis (nombre de *método Monte Carlo*), Lovelace (primer algoritmo de computación), Meyerhof (nombre de *quinasa*), Moissan (aislamiento del flúor), Montagu (identificación de la dopamina en el cerebro), Neuman (método Monte Carlo), Nutt (primer PET-CT), Oersted (electromagnetismo), Parkinson (enfermedad de Parkinson), Pasteur (fermentación y glucosa), Pauli (predicción neutrinos), Perrin (modelo atómico y naturaleza eléctrica de los rayos catódicos), Planck (naturaleza cuántica de la energía), Réaumur (reacciones químicas en el estómago), Roberstson (primer tomógrafo de anillo), Rötgen (rayos X), Rutherford (modelo atómico), Schleiden (células como unidades morfológicas de la vida), Schrödinger (ecuación de onda del electrón), Schwann, Theodor (células como unidades morfológicas de la vida), Shockley (transistor), Sommerfeld (modelo atómico), Stefan (cuerpo negro), Stoney (nombre de electrón), Swett (primera aplicación médica de aniquilación de pares), Thomson, J. J. (modelo atómico y medida $q/m$ en electrón), Townsend (primer PET-CT),

Ulam (método de Monte Carlo), Virchow (*Omnis cellula ex cellula*), Wien (cuerpo negro), Winkler (descubrimiento del germanio), etc. Un largo etcétera.

Por último, sí, la sustancia que le introducen en su cuerpo para realizarle un PET es radiactiva. Sin embargo, se trata de una exposición y una dosis prácticamente inocuas. La naturaleza es muy bromista y tiene dobles caras, pero ahí están los científicos para verlas y usarlas a su antojo. El talio es un potente insecticida que nos protege de plagas, pero a la vez es mortal por ingesta. Las reacciones nucleares parecen malignas empresas emprendidas por el ser humano, pero ya la naturaleza generó reacciones por su cuenta en la Tierra, sigue haciéndolo en las estrellas y nosotros las usamos para generar energía eléctrica. El flúor es magnífico para los dientes y su isótopo F-18 nos sirve como trazador en una exploración PET. Pero la inhalación de sus gases es tóxica y puede provocar la muerte. El germano ($GeH_4$) es de una importancia central en la fabricación de semiconductores, pero a la par es un gas tremendamente inflamable. No debemos tener miedo a la naturaleza, como no debemos tener miedo de la tecnología que se desarrolla con seguridad.

No lo olvide, el potasio de su propio cuerpo es radiactivo, la misma Tierra es radiactiva. Si a algún conocido le prescriben un examen PET y está asustado porque ha oído hablar de que le *meten radiactividad* o algún sinsentido por el estilo, respire y procure calmarlo. No es culpa de su amigo, él está atrapado entre las redes de la desinformación. Háblele de positrones, de electrones, cuéntele algo sobre las hamburguesas radiactivas y sobre las células golosas. Insístale de nuevo en los positrones, dígale «más antimateria y menos dieta anticáncer». Todos estos conocimientos no son más que tijeras. No le resuelva nada, ofrézcale las tijeras, hágale sentir «como un tiburón que rompe todas las redes».

# Agradecimientos

Este libro habría sido imposible sin la ayuda concreta de muchas personas. Son todos los que están, pero no están todos los que son. Pido disculpas de antemano si me falta alguien que me haya resuelto alguna duda en un bar, en una conversación por Twitter, en un congreso, entre clase y clase, etc. El orden es aleatorio.

A mi esposa, María José, porque la paciencia que tiene no conoce límites; muy especialmente a Alejandro Polanco (@alpoma) por su ayuda con las patentes y su apoyo incondicional en todo momento; a José Manuel López Nicolás, por motivar la elaboración de este libro al invitarme a Murcia a dar la charla *Abejas, científicos y Charlie Hebdo;* a Daniel Torregrosa, por sus sabios y necesarios consejos, además de su tesón en que esto siga para adelante; a Inmaculada León, por su ojo avizor; a Guillermo Peris y Dolores Bueno por su ayuda con las referencias; a Manuel Vilches (@ManuelVilches2), Gaspar Sánchez (@gsprsm), José Ramón Román y Arturo (@themarquesito), por sus aportaciones técnicas acerca del PET; a Teresa Valdés-Solís por los contactos; a Alejandro Barrios por el cable italiano; a Xosé Castro Roig por sus dotes traductoras; a Marina Hutdson por su médico alemán; a Carlos Lobato por su aporte bioquímico; a mi hermana Vicky y a mi compañero José Antonio Lucero, el profe «invertido», por sus lecturas y consejos; a Javier Fernández Panadero por su corrección «tocanarices»; a Sergio Palacios por su amor incondicional a mis letras; a José Antonio Prado Bassas, por su fidelidad; y, en general, a todos los que con sus conversaciones han aportado ideas para este libro escrito desde el corazón.

# Referencias

Se muestran a continuación algunas referencias usadas para la redacción de este libro. Se han desglosado en dos categorías: las específicas por capítulos y las generales.

**A) Específicas**
**Los renglones torcidos**

**1. Dar cera, pulir cera**

Arquímedes-Eutocio, *Tratados I y II.* (Gredos, 2005).
Boyer, C., *Historia de la matemática.* Alianza Editorial (2007).
Fernández Aguilar, E. M., *Arquímedes.* (RBA, 2012).
Metropolis, N., The beginning of the Monte Carlo Method», *Los Alamos Science* (1987), 125-130.
Ulam, S., «The Monte Carlo Method», *Journal of the American Statistical Association.* 247 (44) (1949), 335-341.

**2. El hombre que confiaba en los átomos**

Boltzmann, L., «Ableitung des Stefan'schen Gesetzes, betreffend die Abhängigkeit der Wärmestrahlung von der Temperatur aus der electromagnetischen Lichttheorie», *Annalen der Physik,* 258 (6) (1884), 291-294.
Brey Avalo, J.; Rubia Pacheco, J.; Rubia Sánchez, J., *Mecánica estadística* (UNED, 2001).

Cercignani, C., *Ludwig Boltzmann. The Man Who Trusted Atoms* (Oxford University Press, 2006).
Hasenöhrl, F., *Wissenschaitliche Abhandlungen von Ludwig Bolrzmann* (Leipzig, 1909).
Houllevigue, L., *Evolution of Sciences* (D. Van Nostrand Co., 1910).
Lennin, *Collected Works. Volume 14* (Progress Plublishers, 1908).
Mach, E., Trad. McCormack, *The Science of Mechanics. A critical and Historical Account of its Development* (The Open Court Publishing Co., 1919).
Mach, E., Trad. Williams, *Contributions to the Analysis of the Sensations* (The Open Court Publishing Co., 1897).
Moreno González, Antonio, «Atomismo versus energetismo: controversia científica a finales del siglo XIX». *Enseñanza de las ciencias,* 24 (3) (2006), 411-428.
Planck, M., *Scientific Autobiography and Other Papers* (Williams & Norgate LTD., 1950).
Pohl, W. Gerhard, «Peter Salcher und Ernst Mach Schlierenfotografie von Überschall-Projektilen», *Plus Lucis* 2/2002-1/2003: 22-26.
Rott, N., «Jackob Ackeret and the History of the Mach Number», *Annual Review of Fluid Mechanics* 17 (1985), 1-9.
Sánchez, J., «L. E. Boltzmann. El científico que se adelantó a su tiempo, el hombre qu vivió intensamente», *Prensas Universitarias de Zaragoza* (2009).
Stefan, J., «Über die Beziehung zwischen der Wärmestrahlung und der Temperatur», *Sitzungsberichte der mathematisch-naturwissenschaftlichen Classe der kaiserlichen Akademie der Wissenschaften* 79 (1879), 79: 391-428.
VV. AA., «Coherent Electron Scattering Captured by an Attosecond Quantum Stroboscope», Physical Review Letters (2008).

**3. La brevedad, gran mérito**

Bachelier, L., «Théorie de la spéculation», *Annales scientifiques de l'É. N. S.* 17 (1900), 21-86.
Ball, Philipe, «A New System of Chemical Philosophy», *Nature* 537 (2016), 32-33.

Brown, R., «A brief account of microscopical observations made in the months of June, July and August, 1827, on the particles contained in the pollen of plants; and on the general existence of active molecules in organic and inorganic bodies», *Philosophical Magazine* 4 (1828), 161-173.

Castillo, G., *21 matrimonios que hicieron historia* (Rialp, 2011).

Einstein, A. «Sobre un punto de vista heurístico concerniente a la emisión y transformación de la luz», *Annalen der Physik* 17 (1905), 132 y ss. Trad. español en «Annus Mirabilis de Einstein 1905», SENADO (2005).

Kuroda, P. K., «On the Nuclear Physical Stability of the Uranium Minerals», *Journal of Chemical Physics* 25 (4) (1956), 781-782.

Lozano Leyva, M., *Nucleares, ¿por qué no?* (Debolsillo, 2010).

Perrin, M. J., «Brownian movement and molecular reality», Trad. de *Annales de Chimie et de Physique* (1909) (Taylor and Francis, 1910).

Planck, M., «Ueber das Gesetz der Energieverteilung im Normalspectrum (On the Law of Distribution of Energy in the Normal Spectrum)», *Annalen der Physik* 309 (3) (1901), 553.

Rutherford, E., «The Scattering of $\alpha$ and $\beta$ Particles by Matter and the Structure of the Atom», *Philosophical Magazine* 21 (1911), 669-688.

Thomson, J. J., «On the structure of the atom: an investigation of the stability and periods of oscillation of a number of corpuscles arranged at equal intervals around the circumference of a circle; with application of the results to the theory of atomic structure», *Philosophical Magazine* 7 (39) (1904), 237-265.

**4. El Newton de la electricidad**

Andrade Martins, R., Romagnosi and Volta's Pile: Early Difficulties in the Interpretation of Voltaic Electricity en F. Bevilacuq y L. Fregonese (Ed.), «Nuova Voltiana: Studies on Volta and his Times» (Ulrico Hoepli, 2001). Vol. 3: 81-102.

Faraday, M., «Experimental Researches in Electricity», *Philosophical Transactions. Royal Society of London (1776-1886)* 122 (1831), 125-162.

Fernández Aguilar, E. M., *Ampère. La electrodinámica clásica* (RBA, 2013).
Izarn, J., *Manuel du gavanisme* (Paris, 1805).
Pérez, C. y Varela Nieto, P., *Oersted y Ampère* (Nivola, 2003).
Stringari, S.; Wilson, R., «Romagnosi and the discovery of electromagnetism», *Rend. Fis. Acc. Lincei* 9 (11) (2000), 115-136.

**5. Aquí está Rodas**

Crookes, W., «Preliminary Researches on Thallium». *Proceedings of the Royal Society of London* 12 (1862-1863), 150-159.
Ekeberg, A., «Of the Properties of the Earth Yttria, compared with those of Glucine; of Fossils, in which the firts of these Earths in contained; and of the Discovery of a metallic Nature (Tantalium)», *Journal of Natural Philosophy, Chemistry and the Arts* 3 (180), 251-255.
Hatchett, C., «Eigenschaften und chemisches Verhalten des von Charlesw Hatchett entdeckten neuen Metalls, Columbium», *Annalen der Physik* 11 (5) (1802), 120-122.
Hofmann, J. R. , *André-Maire Ampère. Enlightenment and Electrodynamics* (Cambridge, 1995).
Kirchhoff, G.; Bunsen, R., Chemische Analyse durch Spectralbeobachtungen». *Annalen der Physik und Chemie*, 1861, 189 (7): 337-381.
Moissan, H., *Recherches sur L'isolement du fluor* (Gauhier-Villars, Imprimeur-Libraire, 1887).
Moissan, H., *Le fluor et ses composés* (G. Steinheil, Éditeur, 1900).
Alvord, C., Williamson, A., «Tantalum water target body for production of radioisotopes», U.S. pat. 7 831 009, 21 de abril de 2005.
Urbain, M. G., «Un nouvel élément, le lutécium, résultant du dédoublement de l'ytterbium de Marignac», *Comptes rendus* 145 (1907), 759-762.
VV. AA., «The tropospheric gas composition of Jupiter's north equatorial belt /NH3, PH3, CH3D, GeH4, H2O/ and the Jovian D/H isotopic ratio», *Astrophysical Journal* 263 (1982), 443-467.

Weisbach, A., «Argyrodit, ein neues Silbererz», *Neues Jahrbuch für Mineralogie, Geologie und Paläontologie* II (1886), 67-71.

Winkler, C., «Germanium, Ge, ein neues, nichtmetallisches Element», *Berichte der deutschen chemischen Gesellschaft* 19 (1886), 210-211.

Wollaston, W. H., «On the Identity of Columbium and Tantalum», *Philosophical Transactions, Royal Society of London* 99 (1809), 246-252.

**6. Hamburguesas radiactivas**

Anderson, C. D., «The Positive Electron», *Physical Review* 43 (6) (1933), 491-494.

Chadwick, J., «Possible Existence of a Neutron», *Nature,* 3252 (129) (1932), 312.

Farmelo, G., *The Strangest Man. The hidden life of Paul Dirac, mystic of the atom* (Faber & Faber, 2009).

Franklin, R. E., «Molecular Configuration in Sodium Thymonucleate. Franklin, R. y Gosling R. G.». *Nature* 171 (1953), 740-741.

Grisebach, H., «Radioaktive Isotope in der organischen Chemie und Biochemie». *Chemie in Unserer Zeit* 3 (1969), 87-91.

Hevesy, G., «The Absorption and Translocation of Lead by Plants. A Contribution to the Application of the Method of Radioactive Indicators in the Investigation of the Change of Substance in Plants», *Biochemical Journal* 17 (4-5) (1923), 439-445.

Maddox, B., «The double helix and the 'wronged heroine'», *Nature* 21 (2003), 407-408.

Watson, J. D. y Crick, F. H. C., «A Structure for Deoxyribose Nucleic Acid». *Nature* 171 (1953), 737-738.

Wigner, E., «Symmetries and reflections» (Indiana University Pres., 1967).

**7. Celestinas químicas**

Berzelius, J. J., *Årsberättelsen om framsteg i fysik och kemi* (Tryckt hos P. A. Norstedt & Söner, 1835).

De Réaumur, R. A. F., «Observations sur la digestion des oiseaux». *Histoire de l'academie royale des sciences* (1752), 266-307, 461-495.

Fulhame, E., «An essay on combustion, with a view to a new art of dying and painting: wherein the phlogistic and antiphlogistic hypotheses are proved erroneous». Printed and sold by James Humphreys, corner of Second and Walnut-street. Philadelphia (1810).

Kalckar, H., «The discovery of hexokinase», *Trends in Biochemicals Sciences* 10 (3) (1985), 291-293.

Lewis, G. N., «Valence and The Structure of Atoms and Molecules», American Chemical Society. Nueva York (1923).

Payen, A.; Persoz, J. F., «Mémoire sur la diastase, les principaux produits de ses réactions et leurs applications aux arts industriels», *Annales de chimie et de physique* 53 (1833), 73-92.

**8. Sigue el camino de baldosas amarillas**

Fernández Aguilar, E. M., *Boyle. La ley de Boyle* (RBA, 2015).

Flemming, W., «Zur Kenntnis der Zelle und ihrer Teilung-Erscheinungen», *Schriften des Naturwissenschaftlichen Vereins für Schleswig-Holstein* 3 (1878), 23-27.

Hajdu S. I.; Thun M. J.; Hannan L. M.; Jemal A., «A note from history: landmarks in history of cancer» (Partes 1 y 2). *Cancer* 117 (5) (2011), 1097-102.

**9. Todos duermen**

Alzheimer, A., «Über einen eigenartigen schweren Erkrankungsprozeß der Hirnrinde», *Neurologisches Centralblatt* 23 (1906), 1129-1136.

Berrios, G. E., «Alzheimer's Disease: A Conceptual History». *International Journal of Geriatric Psychiatry* 5 (1990), 355-365.

Engstrom, E. J., «Researching Dementia in Imperial Germany: Alois Alzheimer and the Economies of Psychiatric Practice». *Cult. Med. Psychiatry* 31 (2007), 405-413.

Estrada-Bellmann, I.; Martínez Rodríguez, H. R., «Diagnóstico y tratamiento de la enfermedad de Parkinson», *Avances* 25 (8): 16-22.

García Ruiz, P. J., «Prehistoria de la enfermedad de Parkinson», *Neurología* 19 (10) (2004), 735-737.

Goetz, C. G., «The History of Parkinson's Disease: Early Clinical Descriptions and Neurological Therapies», *Cold Spring Harb Perspect Med.* 1 (1) (2100): a008862.
Maurer, K.; Volk, S.; Gerbaldo, H.,«Auguste D and Alzheimer's disease», *The Lancet* 349 (1997), 1546-1549.
Parkinson, J., «An Essay on the Shaking Palsy» (Whittingham and Rowland, 1817).
Sacks, O., *Despertares* (Anagrama, 2011).

**10. Las barras de mono**

Edison, Thomas A., «Electrical Indigator», U.S. pat. 307031, 21 de octubre de 1884.
Faraday, M., «On Electrical Decomposition», *Philosophical Transactions of the Royal Society* (1834).
Fleming, J. E., «Instrument for converting alternating electric currents into continuous currents», U.S. pat. 803684, 17 de noviembre de 1915.
Forest, L., «Wireless Telegraphy», U.S. 841386, 15 de enero de 1907.
Preece, W. H., «On a peculiar behaviour of glow lamps when raised to high incandescence», *Proceedings of the Royal Society of London* 38 (1885), 219-230.

**Enderezando los renglones**

Brownell, G., «A History of Positron Imaging». Conferencia en Massachusetts General Hospital, 15 de octubre de 1999.
Ido, T.; Wan, C. N.; Casella, V.; Fowler, J. S.; Wolf, A. P.; Reivich, M.; Kuhl, D. E., «Labeled 2-deoxy-D-glucose analogs. 18F-labeled 2-deoxy-2-fluoro-D-glucose, 2-deoxy-2-fluoro-D-mannose and 14C-2-deoxy-2-fluoro-D-glucose», *J. Labeled Compounds Radiopharm* 24 (1978), 174-183.
Martínez-Villaseñor, D., Gerson-Cwilich, R., «La tomografía por emisión de positrones (PET/CT). Utilidad en oncología», *Cirugía y cirujanos* 74 (2006), 295-304.
McClellan, K. J., «Single crystal scinitillator», U. S. pat. 6323489 B1, 27 de noviembre de 2001.
Pacák, J.; Točík, Z.; Černý, M., «Synthesis of 2-Deoxy-2-fluoro-D-

glucose», *Journal of the Chemical Society D: Chemical Communication*, 1969: 77-77.

Radon, J., «Über die Bestimmung von Funktionen durch ihre Integralwerte längs gewisser Mannigfaltigkeiten». *Mathematisch-Physische Klasse* 69 (1917), 262-277.

Townsend, D. W., «Combined PET/CT: the historical perspective», *Semin Ultrasound CT MR* 29 (4) (2008), 232-235.

VV. AA., «Combined Measurement of the Higgs Boson Mass in pp Collisions at √s = 7 and 8 TeV with the ATLAS and CMS Experiments», *Physical Review Letters*. 114 (19) (2015), 191803.

**B) Generales**

Alba Andrade, F., *Aceleradores de partículas*, Secretaría General de la Organización de los Estados Americanos, 1971).

Albarracín Teulón, A., *La teoría celular. Historia de un paradigma* (Alianza Editorial, 1983).

Aldersey-Williams, H., *La tabla periódica* (Ariel, 2013).

Bailei, D.; Townsend, D. W.; Valk, P. E.; Maisey, M. N., *Positron Emission Tomography. Basics Science*, (Springer, 2005).

Bryson, B., *A Short History of Nearly Everything* (Broadway Books, 2003).

Hinrichs, G. D., *The proximate constituents of the chemical elements mechanically determined from their physical and chemical properties* (New York, Leipzig, Lemcke and Buechner, 1904).

Levi, P., *El sistema periódico* (El Aleph, 2004).

Ordóñez, J.; Navarro, V.; Sánchez Ron, J. M., *Historia de la ciencia* (Espasa, 2013).

Paul S. Agutter, P. S.; Wheatley, D. N., *Thinking about Life. The History and Philosophy of Biology and Other Sciences* (Springer, 2008).

Solís, C.; Sellés, M., *Historia de la ciencia* (Espasa, 2005).

Weeks, M. E., «Discovery of the Elements» (*Jornal of chemical Education*, 1956).